中国轻工业"十三五"规划教材

高等院校艺术设计专业精品系列教材

BEAUTY & MAKE UP

美容与
化妆

肖宇强　李宁利　**编著**

中国轻工业出版社

图书在版编目（CIP）数据

美容与化妆 / 肖宇强，李宁利编著. —北京：中国
轻工业出版社，2023.10
　　ISBN 978-7-5184-2372-9

　　Ⅰ. ①美… Ⅱ. ①肖… ②李… Ⅲ. ①美容—
基本知识②化妆—基本知识 Ⅳ. ①TS974.1

中国版本图书馆CIP数据核字（2019）第014074号

内 容 简 介

　　本书以理论指导实践的原则，介绍了美容护肤的基本常识、化妆的操作流程与技术手法，通过多组现代流行妆面照片展示了当今各种艺术风格的实用妆容，以引导学习者进行举一反三的训练与运用。本书倡导整体形象设计的概念，即化妆必须与人物的性格、年龄、服饰、环境等因素有机结合起来，才能达到一个真正完整的、系统的"美"的视觉形象。全书图文并茂、内容丰富、浅显易懂、可操作性强。在内容组织和结构安排上，重点突出了实践性教学环节，确保在科学、规范、完整的教学前提下突出对学习者动手操作能力的培养。本书是作者多年化妆艺术实践和专业理论的积累与总结，该书不仅可以作为高校人物形象设计、服装与服饰设计等专业的课程教学用书，还可作为美容师、化妆师的职业资格考试培训教材及社会爱美人士的指导用书。

责任编辑：李　红　　　责任终审：劳国强
整体设计：锋尚设计　　责任校对：吴大朋　　责任监印：张　可

出版发行：中国轻工业出版社（北京东长安街6号，邮编：100740）
印　　　刷：北京博海升彩色印刷有限公司
经　　　销：各地新华书店
版　　　次：2023年10月第1版第4次印刷
开　　　本：889×1194　1/16　印张：8.5
字　　　数：200千字
书　　　号：ISBN 978-7-5184-2372-9　定价：49.80元
邮购电话：010-65241695
发行电话：010-85119835　传真：85113293
网　　　址：http://www.chlip.com.cn
Email：club@chlip.com.cn
如发现图书残缺请与我社邮购联系调换
231660J2C104ZBW

前言
PREFACE

随着经济的发展，物质与精神生活的丰裕，人们对于自身美的追求也不断提升。良好的个人形象不仅是对他人的尊重，更能在生活与职场中为自己赢得更多的机遇，无论是女性或男性都应该注重并学会塑造良好的自我形象。美容与化妆正是在这一时代背景下应社会的需求而产生的，并已经迅速成为广大民众的一种精神需要，具有非常广阔的前景与发展空间。

美容与化妆原本是人物形象设计专业中的一门基础必修课程，但现已被越来越多的高校重视，将这类课程设为公共选修课，以帮助学生塑造良好的个人形象与气质。为了适应高校教学和市场、行业的需求，中国轻工业出版社组织了中国轻工业"十三五"规划教材申报工作，本书在第一版的基础上进行了目录的调整与内容的更新。全书可分为两大部分，第一部分为美容护肤常识，包括皮肤的结构与性质、皮肤保养、皮肤按摩手法、皮肤与健康饮食、现代科技的皮肤美容、美容用品及工具介绍等；第二部分为化妆的基础知识，包括化妆用品和工具的选择、头面部构造、脸形与五官比例、化妆的色彩基理、化妆基本流程与方法、面部修饰与矫正化妆、常见化妆类别及造型手法等，最后通过现代流行的定妆照展示了当今各种艺术风格的实用妆容，以引导读者进行举一反三的学习与训练。此外，本书还倡导整体形象设计的概念，即化妆必须与人物的性格、年龄、服装、环境等因素有机结合起来，才能达到一个真正完整的、系统的"美"的视觉形象。

本书图文并茂、内容丰富、浅显易懂、可操作性强。在内容组织和结构安排上，重点突出了实践性教学环节，确保在教学体系科学、完整的前提下，充分考虑市场对人才的需求以及对学生就业竞争力的培养。本书由湖南女子学院艺术设计系肖宇强老师和中山大学社会学与人类学学院李宁利老师编著，是作者多年化妆艺术实践和专业理论的总结与积累。本书既可以作为高校本科人物形象设计、服装艺术设计、服装与化妆设计等专业的教材，又可作为从事美容与化妆行业的专业人士及爱好者的自学用书。

肖宇强
2018年6月

目 录
CONTENTS

第一章
皮肤与美容养护

　　了解皮肤的基本结构、性质与状况是我们进行皮肤美容与养护的基础。本章从皮肤的组织结构入手，对皮肤的性质与测定、皮肤的四季保养、重点部位皮肤的按摩与养护、皮肤与健康饮食的关系等进行了全面而细致的论述，现代科技的发展为我们的皮肤美容提供了更加多元的手段，熟知和掌握这些新颖的美容技巧与方法，从而进行综合运用，对于完善自我的知识结构和提升美容实践操作技巧是有积极意义的。

第一节　皮肤的组织结构

一、皮肤的构造

　　皮肤包裹在我们整个身体表面，约占人体总重量的16%，是与容貌相关的人体最重要的器官之一。它由70%的水、25%的蛋白质、2%的脂肪、0.5%的碳水化合物以及2.5%的其他物质构成。通过肉眼来看，皮肤显得平滑且结构简单，但在显微镜下观察时，皮肤实际上是非常复杂的网状结构。皮肤从外到内依次为表皮（Epidermis）、真皮（Dermis）、皮下组织（Hypodermis）（图1-1）。此外，皮肤的附属器官还包括毛发、指（趾）甲等。肤色是由皮肤组织中的黑色素、血色素、胡萝卜素等元素含量以及真皮内血管里的血液状态来决定的。其中，色素细胞内产生的黑色素对肤色影响最大。

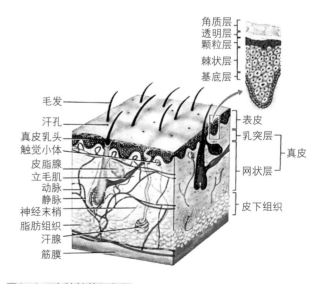

图1-1　皮肤结构组织图

（一）表皮

表皮是皮肤最外面的一层，表皮内无血管、无纤维组织，凡损伤深度不超过该层的厚度均不会出血，也不会留下疤痕，但表皮内丰富的神经末梢可以帮助我们感知外界的刺激。按表皮细胞形态，由浅向深依次为角质层、透明层、颗粒层、棘状层、基底层。脸部的表皮厚薄为0.03～0.1毫米，手掌的表皮较厚，为0.3～0.5毫米。

（二）真皮

真皮位于表皮之下，与表皮呈波浪状牢固相连，厚度约为表皮的10倍，由大量纤维结缔组织、细胞和基质构成，并含有丰富的血管、淋巴管、神经、腺体、立毛肌等。真皮分为上下两层。上层为乳突层，下层为网状层，两层无明显分界。凡有血液渗出时即表明已伤及真皮层。另外，真皮层内有胶原纤维、弹力纤维及网状纤维。其中，胶原纤维具有一定的伸缩性，起抗牵拉作用；弹力纤维有较好的弹性，可使牵拉后的胶原纤维恢复原状；网状纤维是较幼小的胶原纤维，与伤口愈合有关。真皮中上述三种纤维如果减少，则皮肤的弹性、韧性就会下降并出现皱纹。

（三）皮下组织

皮下组织位于皮肤最深层，主要由大量的脂肪细胞和疏松的结缔组织构成，含有丰富的血管、淋巴管、神经、汗腺、深部毛囊及皮肤附属器官（皮脂腺、汗腺等）。皮下脂肪有防寒保暖、缓冲外力、保护皮肤等作用，其厚度由皮下脂肪的含量决定，并与人体各部位、年龄、性别及个人健康状况有关。

（四）毛发

人体毛发可分为长毛、短毛、毳毛三种，分布于除手足掌和指（趾）末节外，遍布全身。毛发生长分为三个阶段：生长期为2～6年，休止期为2～3个月，脱落期每天正常脱发一般不超过100根。精神紧张、长期失眠或营养不良者，会影响毛发生长，造成脱发。

（五）指（趾）甲

指（趾）甲位于指（趾）末端的伸面，为半透明状的角质板，呈长椭圆形凸面状。手指甲的生长速度约每日0.1毫米，当甲外伤或手术拔甲后，新甲从甲根部生长直到完全复原指甲约需100天，趾甲约需300天。

二、皮肤的功能

皮肤的主要功能是保护、感觉、调节温度、分泌、排泄和吸收。

（一）保护功能

皮肤表皮的角质层有一定的绝缘性，能抵抗弱酸、弱碱的侵蚀，可保护人体免受外界刺激的伤害，同时还可防止水分和化学物质的渗透及细菌的入侵，阻止过多的水分蒸发，防止紫外线穿透皮肤，保护深层组织免受伤害。

（二）感觉功能

皮肤的神经末梢使皮肤能对冷、热、疼痛、压力和触摸产生不同反应。

（三）调节温度功能

人体常温在36.5℃左右，若受外来气温影响，皮肤血管和汗腺会自动调节体温。当外界温度过高时，皮肤血管扩张，汗腺大量分泌汗液，通过汗液蒸发达到散热作用；外界温度降低时，皮肤血管收缩，汗腺分泌减少，能防止体内热量的散发，保持恒温。

（四）分泌功能

皮肤能通过皮脂腺分泌一些油分、水分等，若皮脂腺分泌过盛会形成暗疮，情绪不稳定亦可影响分泌腺的正常活动。

（五）排泄功能

皮肤有汗腺和皮脂腺，出汗即是皮肤的正常排泄。出汗时，水分、盐分和其他化学物质会被排出体外。另外，皮脂腺和汗腺分泌物可滋润皮肤，保持皮肤润泽。

（六）吸收功能

皮肤具有吸收外界物质的能力，它主要通过角质层、毛囊、皮脂腺和汗管口等部位吸收外界物质。皮肤吸收作用对维护身体健康是不可缺少的，也是现代皮肤科外用药物治疗的理论依据和重要途径，其吸收程度与角质层厚度、皮肤含水量以及药物的剂型和浓度有关。

三、皮肤的健康标准

皮肤犹如一面镜子。可折射出人的健康状况、年龄和情绪等。理想中的皮肤应该是均匀、光泽、柔嫩、滋润并富有弹性的。皮肤色泽均衡、光彩亮丽，会给人以健康、清爽、柔和之美。皮肤美的综合性判断标准主要有以下几点：

（1）皮肤有弹性。正常情况下，真皮层有弹力纤维和胶原纤维，皮下组织脂肪丰富，使皮肤富有一定的弹性，显得光滑平整。

（2）健康的肤色和纹理。健康的肤色应该是自然的红润，纹理细致光滑。

（3）皮肤清洁有活力。健康的皮肤应没有污垢、污点，看上去清洁亮丽。

（4）皮肤正常能耐衰老。健康的皮肤应不易敏感、不油腻、不干燥、皱纹少。

总之，良好的生活习惯、有规律的作息时间，保持愉快的心情对皮肤健康的保养都是非常重要的。

第二节　皮肤的性质与测定

要想拥有健康而美丽的皮肤，人们必须清楚自己皮肤的所属类型。决定皮肤类型的关键因素包括遗传、肤色、皮脂腺分泌量、老化程度、季节、气候、精神压力等。如果在不了解自己皮肤类型的情况下擅自进行皮肤护理，可能会引起皮肤问题。根据皮脂腺分泌量的不同，皮肤性质大体可分为干性、中性、油性、混合性等主要类型。

一、皮肤的基本类型

（一）干性皮肤

特点：干性皮肤细腻、透明，较为敏感。其油分和水分失衡，是一种油分和水分都缺少的皮肤。干性皮肤比较薄，缺少抵抗力，容易受到损伤和老化，嘴角和眼角部位也更容易产生细纹（图1-2）。如果人们在洁面后不使用任何护肤品的话，皮肤就会感觉特别绷紧，经常出现脱皮现象，甚至导致皮癣病。在这种情况下，皮肤会变得粗糙，毛孔缩小，缺少光泽，容易脱妆。皮肤衰老和各种环境因素也会使皮肤呈干性。干性皮肤者在年轻时皮肤较好，这是因为油脂腺不发达，不会出现鼻头油亮和暗疮，但干性皮肤缺乏油脂保护，即使并不猛烈的风也能通过皮肤掠走大量水分，使皮肤因缺水而变得干皱。所以，同一年龄的

图1-2　干性皮肤

中年妇女，年轻时为干性皮肤者往往较油性皮肤者衰老得更快些。通常情况下，干性皮肤可分为缺油型、缺水型以及皮肤衰老而引起的几种类型。

美容保养：对待干性皮肤，要花费一些时间和精力，给予特别的护理。干性皮肤者选用洗面乳时，要注意选用刺激性小的洗面乳，可选择略含酸性的洁肤产品，并用温水洗脸。每天早晚做脸部按摩，每周使用一次面膜，平时多用油性类的护肤品，选择能增强皮肤柔软性和润滑性的面霜，以平衡皮肤的油脂、增加皮肤的营养、保持皮肤的弹性、防止皱纹滋生。另外，每次洗浴后，可用橄榄油按摩脸部，能使皮肤保持水分，起到润肤的良好效果，也可以选择有利于皮肤滋润的营养霜，如用维生素E油脂霜涂脸，都能改善干性皮肤的不良状态。

化妆：干性皮肤的人化妆多会加重皱纹，所以尽量选用油性高的滋润型粉底液或粉底霜，待妆时经常往脸上喷些化妆水或矿泉喷雾来补充水分。卸妆时应选用温和的卸妆水或卸妆乳液彻底卸妆，再用不含碱性物质的膏霜型洁肤品进行清洁。

（二）中性皮肤

特点：中性皮肤是最健康、最理想的皮肤类型。它的皮肤组织和生理机能都处在正常的活动状态，所含的油分和水分适中，皮脂与水分保持正常而平衡的状态。由于肤色肌理洁净，皮肤表面光滑，中性皮肤组织紧密、光滑细腻，厚度中等，滋润有弹性，对外界刺激反应也不大，皮肤整体湿润、光泽（图1-3）。这种皮肤类型具有很强大的抵抗力，每次洁面后不会有黏或者紧绷的感觉。虽然具有这些好的方面，但它仍然会随着季节和健康状况的改变而发生变化，一般春夏季会偏油亮些，秋冬季会偏干爽些，但若是保养不当皮肤也会变干或变油。

美容保养：中性皮肤选择一些性质温和的护肤类保养品就足够了。如早上温水洗脸后先用爽肤水拍打，再用日霜作滋养保护。晚上可用营养性化妆水保持皮肤的物理平衡，然后涂上营养晚霜。此外，还可坚持做一些美容保健体操，多运动，促进皮肤的新陈代谢。睡前进行按摩，以畅通血脉，能保持皮肤润

泽。中性皮肤的女性还应该根据季节来选择带有一定倾向性的化妆品。如夏季趋向油性时，可以选择蜜类护肤品或其他清爽的面霜；而冬天则应换成油性稍多的冷霜或香脂。发育成熟前的少女以中性皮肤为多，因为少女时期，雌激素分泌多，促进透明质酸酶的生成，使皮肤得以保留更多的营养物质和水分，皮肤能维持正常的新陈代谢，光泽和肤色保持较好。

化妆：冬季宜选用含油性成分高一些的粉底液，并经常在脸上喷涂保湿水；夏季可选用干一些的不脱色粉底液，并准备好吸油面巾纸及干粉饼补妆。卸妆宜选用温和的中性卸妆乳及泡沫型洗面奶。

（三）油性皮肤

特点：油性皮肤的优点是不易起皱纹，不易显老（图1-4）。但是油性皮肤的角质层厚、纹理粗，毛孔大而明显。温度高的夏季，皮肤容易出汗，油亮状态加剧，当皮肤表面油脂堆积时，扩张的皮脂腺就会形成阻塞，此时对细菌抵抗力减弱，细菌加速繁殖，脸上便会出现黑头、粉刺、暗疮、小疙瘩等一系列皮肤问题，特别是额头、鼻梁、下巴等处更为明显。油性皮肤上妆后妆面容易脱落或被皮肤吸掉。油性皮肤多为遗传因素所致，但是如果睡眠不足、情绪波动以及饮食不规律，也会形成油性皮肤。

美容保养：油性皮肤较能够承受外界的各种刺激，老化得也比较慢，过热或过冷的环境对它的影响都比较小。保养时，可选择略含碱性的洁肤产品控制油脂的分泌，并且要注意勤洗脸清洁皮肤，但是也不能过于频繁。若是一天内经常使用碱性美容化妆品，会使得皮脂腺加速油脂分泌，导致皮肤更油。同时，由于皮脂膜被剥落，便容易引起斑疹等发炎现象，可以使用具有收敛作用的酸性化妆水，它具有杀菌的作用，对于油腻及残留污垢的皮肤有较好的清洁作用。还可选择一些控制油脂分泌的洁肤产品和含水性的产品补充皮肤的水分。

化妆：油性皮肤油脂分泌旺盛，影响美观，易脱妆。所以在选择化妆品时，应选择含油少、对油性皮肤有综合作用的产品。油性皮肤的人夏季最好少化妆，如必须化妆则最好选用含油极少的干粉化妆品。

其他季节可选用偏干的粉底液或粉底霜，多扑些散粉定妆。应注意备好吸油面纸及干粉饼随时补妆。每天睡前必须彻底卸妆，可选用卸妆油或卸妆乳，用卸妆棉轻擦脸部，再用磨砂型洗面奶或洁面皂温水洗脸。

（四）混合性皮肤

特点：混合性皮肤是指脸上油性和干性两种皮肤混合存在的一种皮肤，即额部、鼻及鼻周区（"T"字区）易泛油、长粉刺，呈现油性皮肤特征，其他部位，特别是眼周围和脸颊较干或正常（图1-5）。由于面孔中部油脂分泌较多，此类皮肤者的额头、鼻头、嘴唇上下方经常生出粉刺，而眼周围干性皮肤地带缺乏油脂的保护，又特别容易出现鱼尾纹和笑意纹。因而混合性皮肤具有干性皮肤与油性皮肤的双重特点，在洁面后通常会感觉皮肤紧绷，较为敏感。女性此类肤质者偏多，更需要根据各个部位的属性采用正确的护理方法。

美容保养：混合性皮肤的人，首先应当经常保持脸部的清洁，尤其出油的地方，要注意用吸油纸擦拭，将多余的油脂擦去，再用去油脂的洗面奶和温水清洗整个脸部。这样可以减少毛孔阻塞，使脸部皮肤光滑。可在脸上油性部位擦些控油乳液，在干性皮肤部位擦些滋养保温霜。若要改善干性皮肤部位，可以在沐浴后，趁毛细孔张开的时候，在面霜中加几滴橄榄油，然后轻轻揉入皮肤中。这样能让皮肤的性质得到改善。另外，饮食上注意调节，多食蔬菜和水果，若有时间，每周用新鲜蔬菜或水果制成面膜敷面一次。

化妆：可以选用油分适中的粉底液或粉底霜，"T"字区部位多扑些粉，注意随时吸油及补妆。卸妆时选用中性皮肤适用的卸妆乳及泡沫型洗面奶温水洗脸。

（五）敏感性皮肤

特点：敏感性皮肤是一种在外界因素作用下，极易出现无菌性皮肤发红、

图1-3　中性皮肤

图1-4　油性皮肤

图1-5　混合性皮肤

发痒的脆弱肤质（图1-6）。这种皮肤干湿差别大，抗紫外线弱，皮肤极易过敏。尤其在接触化妆品后，可能会出现红肿、痛痒等反应。有的敏感性皮肤还会受日光照射出现红斑，有的因饮酒、食入海产品而出现皮疹和红肿瘙痒等，还有的使用或接触含金属的物质、呼吸含有植物花粉的空气以及对药物的反应等都会出现过敏症状。

美容保养：敏感性皮肤者早上洗脸后宜选用温和而标注不含酒精的爽肤水来调整皮肤，然后用无色淡雅的护肤品来护肤。晚上洗脸宜用乳液性洁面乳，温水洗脸后再用化妆水来爽肤、润肤。不宜使用果酸类或没有添加防过敏剂的天然类护肤品。还需注意防晒，避免日光晒伤皮肤。在饮食上应少吃辛辣类的食品，选用无刺激性的化妆品。

化妆：敏感性皮肤者尤其要注意使用习惯了的化妆品和无色、香味淡雅的护肤品，不宜频繁地更换护肤品及化妆品。初次使用的产品应先在手背处或耳根处做试验，证明不会过敏后才能使用。如有红肿现象出现，哪怕只是一点也不能使用。化妆前可用绿色的修颜液打底，以免皮肤上妆后泛红。要选择温和无刺激的卸妆用品，用全棉卸妆巾轻轻擦拭，并选用一些敏感性皮肤专用的洗面奶清洁皮肤。

（六）衰老性皮肤

特点：衰老性皮肤的角质层较厚，脂肪层较薄，明显特征是皮肤枯萎干瘪、灰暗无光、弹性差、皱纹深、皮肤变厚、变硬，有色斑或老年斑等（图1-7）。老年人或受疾病影响或长期受寒风酷暑刺激、在肮脏污染的环境中、生活方式不当（如烟酒过度或饮水不足、睡眠不足）、健康状况不良及焦虑紧张都会使皮肤含水量骤减，油脂分泌减少，造成皮肤衰老。

护理方法：衰老性皮肤在护理中需选用滋润性的按摩霜或人参防皱霜进行按摩，常做热敷或蒸面，增加面肤水分，畅通血脉，选择并养成良好的生活习惯，营养均衡，保持充足的睡眠，消除焦虑、紧张等精神因素。

化妆：可以选用清透型的粉底液或粉底霜，避免刺激。卸妆时选用温和的卸妆乳及泡沫型洗面奶进行清洁。

二、男性皮肤

为了在面试和商务活动中给人带来好印象，越来越多的男性开始到美容院和皮肤科进行咨询，为自己的皮肤进行保养。男人要打造竞争力，首先要改善肤质，让自己蜕变成肤质健康、干净清洁的美男。

由于皮脂腺分泌量过多，大部分男性的皮肤都属于油性皮肤。通常情况下，男性缺乏皮肤护理，毛孔较粗大，容易起皮屑（图1-8）。由于大多数男性喜饮酒、吸烟，因此皮肤变得暗沉。与此同时，频繁剃

图1-6　敏感性皮肤

图1-7　衰老性皮肤

图1-8　男性皮肤

须也会带来细菌感染和其他皮肤问题。与女性皮肤护理方法一样，男性要想拥有健康的皮肤，首先需要彻底地洁面。其中重要的步骤是使用泡沫洁面乳，然后用温水冲洗，以去除毛孔中的污垢。

男性皮肤的天敌包括紫外线、精神压力、饮酒、吸烟等，紫外线的副作用往往容易被忽视。但是，对于户外活动比较频繁的男性来说，紫外线照射容易引起斑点和皮肤老化。因此，男性也要使用隔离润肤的产品来维持皮肤的清洁和保养。

对于男性而言，剃须前后的皮肤护理非常重要。男性的胡须每天平均增长2毫米。剃须时不仅会去除胡须，还会剃走皮肤的角质，从而导致细菌感染和其他皮肤问题。最好在洁面后剃须，而且在剃完后提供充足的水分和营养，如涂抹爽肤水和营养霜，都能减少剃须对皮肤的伤害。表1-1为男女皮肤特点比较，可以针对这些特点进行合理的美容护肤。

三、皮肤性质的测定

如何测定自己的皮肤性质呢？皮肤的性质会随着年龄的增长而起变化，也会随着季节的更替而变化。因此，皮肤性质要根据情况随时测定，下面介绍几种简便的测试方法。

1. 纸巾测试法

纸巾测试法需在早晨起床后未洗脸前进行。先取三张吸水性强的柔软纸巾，分别擦拭前额、鼻翼两侧、下巴及双颊。如果三张纸巾上都有油光，说明是油性皮肤。如果三张都很干燥，说明是干性皮肤。介于两者之间的是中性皮肤。如果"T"字区有油光而双颊却较干则是混合性皮肤。

2. 美容放大镜测试法

该方法需要借助他人的帮助来完成。先洗净面部，待皮肤绷紧感消失后，用放大镜仔细观察皮肤纹

表1-1　男女皮肤特点比较

比较要点	男性	女性
粗糙、厚薄、结实程度	皮肤较粗糙、较厚、结实	皮肤较细柔、较薄、娇嫩
是否易受伤害	不易	易
油脂分泌状况	多，易玷污	少，不易玷污
是否易发炎或感染	毛孔大，细菌、真菌、病毒等诱发炎症和感染机会多	毛少，毛孔小，细菌、真菌、病毒等诱发炎症和感染机会少
黑色素含量	多，特别是面部等暴露部位；日光皮炎、日光疹发病率低（黑色素有光保护作用）	少，日光皮炎、日光疹发病率高
皮肤血管调节机制	强，因此冻疮发病率低，下肢静脉曲张较少	弱，因此冻疮发病率高，下肢静脉曲张较多
内脏信息反映，或正常激发反应	反应敏感度虽弱于女性，但雄性激素反应强烈，因为男性雄性激素多于女性，所以青年男性的痤疮发病率高于女性	月经、怀孕等都可带来各式各样的皮疹，如月经疹、妊娠瘙痒、妊娠疱疹等，情绪激动、兴奋时，女性比男性更易脸红

理及毛孔状况。操作时测试者用棉片将被测试者双眼遮盖，防止放大镜折光损伤眼睛。皮肤纹理不粗不细，为中性皮肤；皮肤纹理较粗，毛孔较大，为油性皮肤；皮肤纹理细致，毛孔细小不明显，常见细小皮屑，为干性皮肤。

3. 仪器测试法

可通过专业的皮肤检测仪器来测定皮肤性质。这

种仪器的使用非常简单、方便。只要把脸搁在仪器专门指定的位置上，就能通过显示器清楚地了解自己的皮肤性质。除此之外，还能观察到敏感性皮肤区域，如微细血管扩张、色素沉着以及老化的角质细胞等。

4. pH试纸测试法

皮肤的pH（即皮肤的酸碱性）也可以判断皮肤

的性质。一般皆以pH等于7为中心，大于7者为碱性皮肤，小于7者为酸性皮肤。不过健康皮肤的表面pH在3.7～6.5，多半是属于弱酸性皮肤。当皮肤的pH明显地偏向某一方时，即表示皮肤发生异常。

5. 外观测试法

对视觉而言，毛孔明显、脸上油腻则无疑是油性皮肤；干性皮肤一般毛孔不明显，皮肤细腻、干净、有细线纹；而"T"字区出油，两颊较干的则为混合性皮肤。

6. 触摸测试法

在刚起床时，用手指触摸皮肤，感觉油腻的为油性皮肤；感觉粗糙的为干性皮肤；感觉平滑的为中性皮肤。

7. 洗脸测试法

洗完脸15～30分钟后，感觉脸部有油脂的为油

性皮肤；有紧绷感的为干性皮肤；稍紧绷的为中性皮肤。

此外，皮肤会因季节气候变化或健康状态发生变化，如果过分拘泥于测定的结果而骤然改变使用的化妆品，反而更容易使皮肤发生异常。因此，不妨把这项测定当作一项简单标准。另还需注意的是皮肤的性质是能够改变的。不同的状态、不同的季节，测试的结果也是不同的。在一天当中，早晨、中午、夜晚的皮肤感觉也完全不同。以长远来看，二十几岁油性皮肤的人，到了三十几岁时，可能会成为干性皮肤。如果一直采用油性皮肤的护理方法，等到接近中性皮肤时，还是使用去除油分的皮肤护理方法，则会使得已经平衡的自然皮肤倾向于干性。所以需要了解皮肤性质的可变性，根据实际情况来判断自己皮肤的类别和护理方法。

第三节　皮肤的四季保养

中医讲究人与天地相应，也就是说外界环境的任何变化可直接或间接影响人体，并产生相应的生理或病理变化，所以中医养生学讲求人的生活要应顺应四季的变化。皮肤也是如此，一般在冬季皮肤普遍偏干，油性皮肤的皮脂分泌量也相应减少；夏季的皮肤偏油，干性皮肤也会显得光泽滋润，而换季时，皮肤则会变得敏感。我们要根据季节的更替来了解皮肤的变化情况和保养措施，才能维持好皮肤的健康状态。

一、春季保养要点

春季，是万物复苏的季节，也是气候多变的时期，因此，要特别注意皮肤保养。春季气候时冷时热、变化无常，空气中的湿度也逐渐增加，加上阳光直射，紫外线照射量相对增多，这时处于代谢迟缓状态的肌肤开始逐渐苏醒，皮肤细胞及各类组织开始充

满活力，新陈代谢活跃，皮脂腺和汗腺的分泌也日渐增多。同时，许多菌类也逢春繁殖。随着户外活动的增加以及阳光照射的加强，空气中的花粉、灰尘和细菌随着阵阵春风到处飘扬，都会影响到皮肤的健康。春季皮肤保养要注意以下几点：

（1）防风沙，保湿润。春季气温时高时低，皮脂分泌时多时少，且随气候转暖，外出机会增多，风沙、尘土都会加快皮肤水分的蒸发，而且直接刺激皮肤，易引起接触性皮炎。因此，防风沙、保湿滋润作用强的护肤品当为首选。

（2）多饮水，促排泄。春天气候干燥，对皮肤刺激较大，皮肤易丢失水分，因此，要多饮水。如果每天坚持喝6杯左右的水，就可以补充所失去的水分。摄入足够的水分，还有助于排泄体内废物，使皮肤各组织细胞有充足的水分渗透，从而养护皮肤。

（3）避粉尘，防过敏。春天人们往往喜欢踏青

或春游，但春季风大，粉尘漫天飞扬，粉尘的成分十分复杂，其中不乏一些细菌，如果这些粉尘停留在皮肤上，就会有一些病菌侵蚀皮肤，造成暗疮、过敏等，都对皮肤有一定伤害，因此可以涂抹一些隔离产品避免粉尘对皮肤的伤害。

（4）调节饮食，保养容颜。中医学认为，春季主肝，也就是说春季是护肝养肝的好季节。肝好则容颜好，因此春天一定要注意调节饮食，养护肝脏，多吃富含蛋白质、维生素的食物，如增加蔬菜、水果的摄入量，减少糖分、油脂摄入，避免食用辛辣刺激的食物，按时就餐，保证营养摄入。可多食醋，因醋味酸而入肝，具有平肝散瘀、解毒杀菌等作用。

（5）注意防晒。防晒必须从春季开始。强烈的日光浴或阳光暴晒都是导致皮肤发生问题的根源。很多人都不知道，晒黑其实是从春天开始的，因为春天虽无夏日的炎炎烈日，却干燥多风，紫外线非常强烈，在不知不觉中就能将皮肤晒伤，导致皮肤衰老。

二、夏季保养要点

在夏季，皮肤新陈代谢非常旺盛，皮脂腺和汗腺的分泌量增加。在这种情况下，皮肤会变脏，容易脱妆。大量出汗也会降低皮肤的抵抗力，让皮肤失去弹性，毛孔变大，雀斑等瑕疵将随之增多。夏季对皮肤影响最强的是紫外线，且照射时间长，易引起晒斑及日光性皮炎。因此夏季皮肤保养要注意以下几点。

1. 预防紫外线措施

（1）洗完脸后喷活氧水原液，以迅速补充氧分、水分，平衡皮肤的酸碱度。

（2）白天出门前一定要抹上防晒霜，阻隔紫外线对皮肤的伤害。

（3）晚上洁面后、睡觉前，要抹上具有锁水、保湿功能的活氧水凝露和保湿晚霜。

（4）注意少吃甜的、多脂肪的和有刺激性的食物。

（5）注意保存体内阳气，尽量少用空调、风扇。

（6）少用冷水洗脸，因冷水会刺激毛细血管紧缩，反而把污垢留在脸上。因此，夏季最适合洗脸的水温是25～32℃。

2. 治疗措施

皮肤一旦被阳光灼伤，可用新鲜黄瓜去皮，切成薄片，浸入酸奶并放入冰箱冷藏1小时后取出，贴在灼痛部位，不断替换持续20～30分钟，即可置换出皮肤中的热量，修复晒伤皮肤。

三、秋季保养要点

秋季对皮肤的危害虽没有夏季猛烈，但昼夜温差增大，天气忽冷忽热，易引起皮肤抵抗力下降而遭细菌感染，导致皮肤粗糙，出现黑斑和雀斑。一般入秋之后，气温下降，皮肤油脂分泌减少，加之空气湿度迅速下降，皮肤既缺水也缺油，会变得干燥，细纹也逐渐显现。此时，皮肤养护的要点是既要补水又要适当补充油脂。主要防护措施有：

（1）从内补水。每日饮水量6～8杯，还可以选用果汁、矿泉水、茶水等来补充。保持洗浴前饮一杯水的良好习惯，这样能补充因洗浴出汗而丢失的水分，促进新陈代谢，保持柔嫩肌肤。

（2）从外补水。可用0.5升纯净水同一茶勺米醋混合，装入喷雾瓶中作为专用补水喷雾，随时喷用。还可到美容院做专门的脸部护理，给面部补充水分及养分。

（3）注意饮食调养。经历了漫长的酷热夏季，人们由于频饮冷饮，常食冻品，多有脾胃功能减弱的现象。因此，秋季适当进补是恢复和调节脏腑功能的最佳时机。宜多吃新鲜蔬菜、水果、鱼、瘦肉，忌吸烟、饮酒、咖啡、浓茶及煎炸食品，多吃些芝麻、核桃、蜂蜜、银耳、雪梨等防燥滋阴的食物，都能滋润肌肤。

（4）选择合适的护肤品。可以选用pH在5.5左右的洗面奶、不含酒精成分的化妆水、滋润但不油腻的日霜及晚霜，有增白效果的软性面膜等。还可以配合使用含维生素A的面部润肤霜来促进血液循环，改善皮肤生理环境，减少皮肤皱纹产生。

（5）早晚护理。白天外出时一定要使用防晒霜，晚上先用卸妆水或洗面奶彻底清洁面部皮肤，再用不含酒精的化妆水进一步洁肤及补充水分，后涂抹渗透性强的滋润晚霜，加上补水凝露，使营养成分渗透皮肤深层进行滋养。

四、冬季保养要点

冬季寒凉，气温低，血液循环和皮肤的新陈代谢活动减少，皮肤易失去滋润和弹性。汗腺和皮脂腺分泌量的减少会导致皮肤粗糙、紧绷，易发生冻疮或出现皮肤瘙痒症状。受干燥空气和冷风的侵袭，皮肤表面角质层会增厚，易产生深皱纹，嘴唇干裂掉皮。室内的供暖设备也会加快皮肤水分的蒸发，导致皮肤干燥。而室内外温差大，出门骤冷时面颊会发红，毛细血管扩张，易呈现红血丝。针对这些情况，必须充分重视冬季皮肤的滋润与保养：

（1）促进血液循环。注意保暖，加强锻炼和按摩，加速血液循环。

（2）重视皮肤养护。冬季是四季中皮肤保养的关键，对护肤品的要求也最高，不仅要保证营养，更要帮助肌肤主动吸收。冬季最宜使用含有芦荟、牛油果、鲨鱼肝、鱼油等动植物类护肤用品，这类产品具有保湿、补充油脂的作用。

（3）注意进补护肤。根据中医学春夏养阳、秋冬养阴的原理，秋冬需要进补。要多穿衣服，多吃容易吸收的补品。同时，调理好肌体内外平衡，保持气血通畅。尤其是女性，冬季进补的关键是调血，因每个人的体质不同，一定要根据不同的情况制订不同的进补方案。

第四节　重点部位皮肤的按摩与养护

一、脸部按摩养护

现代人生活在紧张而快节奏的环境中，皮肤经常处于紧张疲劳状态，造成皮肤衰老加快。为了养护皮肤，延缓衰老，人们越来越重视脸部皮肤的养护。脸部皮肤在中医学里有独特的保养方法，它是在头面部位施以不同手法进行按摩，使经脉通畅，气血调和，延缓皮肤衰老。每天坚持按摩，可以增加脸部皮肤弹性，刺激神经，加强血液循环，排除堵在毛孔内的污垢，加速皮脂分泌，促进新陈代谢，增加皮肤弹性和光泽。

（一）基本手法

按摩基本动作包括用力的大小、方向、次数等要素，实际按摩操作时可根据不同情况和需要施以不同的动作。脸部按摩手法应从上到下，从下到上，按抚弹拍，穴位指压，这些包括了欧式按摩、日式按摩、

中医指压指推拿等方法。总的原则是按摩方向与肌肉走向一致，与皮肤皱纹方向垂直（图1-9）。

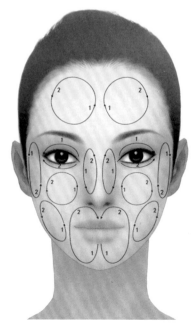

图1-9　脸部按摩区域和方式

1. 抚摸

是利用手指与手掌做缓慢、轻柔且有节奏的连续按摩动作；脸部较宽大的部位均以手掌来按摩，而较狭小的部位则可利用中指与无名指来按摩；抚摸动作通常用在额头、头盖、背部、肩部、颈部、胸部、腿部、臀部，具有放松肌肉，安抚神经的效果。

2. 揉捏

用拇指和中指捏起脸部皮肤及肌肉的方法。揉捏具有刺激皮下组织、改善血液循环，帮助疏通皮脂腺排泄管道等作用，包括扭、揉、捏等动作，揉捏时用力要轻稳，有弹性和节奏感。

3. 摩擦

用手指和手掌在皮肤组织上施加压力，以打小圈的方式摩擦旋转按摩。摩擦有助于血液循环，促进腺体活动。通常用于手臂、头部、颈部等部位，用力要轻揉，技法要娴熟。

4. 敲打

包含敲、拍、砍的连续动作。如指头在下巴、脸颊做快速的点状接触，手指、手腕要放松，用力均匀。

5. 震动

利用手指按压在穴位处，以手臂肌肉迅速地收缩动作造成震动的效果。这是一种高难度、具有高度刺激作用的动作。每一穴位应施以数秒钟的震动按摩才有效果，还可利用电动按摩器按摩，大多用在耳部、颈部、头部等处。

（二）按摩要求

按摩动作要熟练，配合面部肌肉或身体经络，手指动作须灵活，以适应面部、身体的各个部位；按摩节奏要平稳，要保持正确的动作频率，先慢后快、先轻后重，要有渗透性。要根据皮肤的不同状态、位置，注意调节按摩力度，特别注意眼部按摩用力要轻。面部按摩时间以10～15分钟为宜，不可太长。否则拉扯脸部纤维过久会使纤维弹性变小，引起皮肤松弛。按摩时注意把握以下三个原则：

（1）针对表情肌的按摩手法。对于额头、鼻梁、脖子等容易产生皱纹的地方，应垂直于皱纹做上下按摩。

（2）促进血液循环的按摩手法。例如，口部、眼睛周围有放射状的皱纹，应以垂直方向画着圆圈按摩，颊部的肌肉较复杂，则应以螺旋状按摩为宜。

（3）按压神经区点的按摩手法。找出骨骼的缝凹处，加以点压按摩，可使神经松弛，消除疲劳。例如在面部神经（颊分支）处指压，可消除脸部疲劳；在眼角、鼻根指压，可消除眼睛疲劳和皱纹；在脸部神经（太阳穴分支）指压，可消除眼睛和头部疲劳；在三叉神经指压，可消除腭、嘴和脸颊的疲劳。

二、眼部按摩养护

眼睛是脸部最引人注意的部位，也是最敏感、最早出现肌肤老化迹象的部位。眼部皮肤和面部皮肤完全不同，眼部皮肤极其脆弱，眼睛周围的皮肤由外眼睑和内眼睑组成，皮肤厚度仅有0.3毫米，几乎没有皮脂腺、脂肪组织，也没有支持性肌肉。但是，眼部皮肤却是表情活动最频繁的部位，也是化妆最复杂，拉扯皮肤次数最多的部位，所以要进行重点按摩保养。

眼部出现的问题主要有黑眼圈、眼袋、细纹等。当出现眼部问题时，首先要找出原因"对症下药"。如果是因疾病引起的眼部问题，应及时进行治疗；如果是其他方面的原因，应采用预防、延缓、减轻或消除的方法。

1. 日常生活调理

多从饮食中吸收脂肪、蛋白质、氨基酸及矿物质，均衡营养。保持愉快的心情和良好的精神状态；做到生活有规律，节制烟、酒，保障充足的睡眠和睡眠质量，切忌熬夜，坚持劳逸结合，减少疲劳；临睡前少喝水，并将枕头适当垫高，使容易堆积在眼睑部位的水分通过血液循环而疏散。

2. 加强眼部按摩

通过按摩、运动促进血液循环，改善局部血液循环状态，减少血液滞留。

3. 保持眼部皮肤滋润与营养供应

可以常用眼霜、贴眼膜、多用补水的眼部啫喱等补给眼部皮肤营养，以延缓皱纹产生、保持眼部皮肤润泽。

4．美容院养护

若是有条件，可以在美容院做一些眼部清洁护理，如超声波导入眼部精华液、眼部按摩等，都能增强眼部皮肤的活力，延缓衰老。

三、手部按摩养护

女性的手就是自己的第二张脸，是不可忽略的美容部位之一。美容专家常说，要知道女人的年龄，不妨先看手部，因为女性在保养脸部及身体时常常遗忘了手部，而手部又是最赤裸裸露于外界的部位，每天都要承受紫外线的照射，使得结缔组织中胶原纤维老化，肤色加深，出现皱纹。特别是到了冬季，天气异常干燥，空气湿度下降，可使原本娇嫩柔滑的双手变得粗糙，甚至脱皮、干裂。手在直接接触各种物件时也很容易受伤或受到细菌感染，频繁地使用含消毒成分的洗涤用品洗手对手部皮肤也是一种伤害。因此，手部养护非常重要。

（1）手的养护最好从年轻时开始。每月至少做一次完整的手部养护，如手冷时用热敷，使血液循环，时时保暖，避免冻疮。

（2）做粗、重工作时应戴手套。平时做完家务后最好及时用温水和洗手液洗手，也可选用中性肥皂洗手。洗完后，再用冷水冲洗，以收缩毛孔，避免皮肤表层膨胀。

（3）定期去死皮。用盆装上温水放些食醋，将双手浸泡其中，反复揉搓、按摩每个关节和粗糙有皱纹处，然后再用凉水冲洗双手、擦干，可以有效去除死皮。去完之后涂抹手霜，戴上手套或保鲜膜包裹一小时左右，坚持每周一次，能让手部皮肤嫩白细腻。

（4）随身携带保湿喷雾。平时只要感觉干燥都可以随时喷洒喷雾，喷雾对于手指、指尖干燥、起皮、粗糙及老化都有很好的修复和保养作用。

四、颈部按摩养护

颈部皮肤很薄也很脆弱，没有支撑，容易下垂，

还经常受到衣服摩擦，如果忽视保养，随着年龄增长会出现松弛、皱纹，呈现老态，难以消除。因此，颈部皮肤养护对保持女性年轻活力、延缓衰老具有十分重要的作用。颈部出现皱纹与睡觉和工作时的不良姿势有很大关系，不适当的肢体运动也会引起颈部肌肤老化松弛，如平时总是低头做事、整天伏案工作、睡觉时喜欢"高枕无忧"、喜欢夹着电话听筒"煲电话粥"、寒冷的冬天和风沙"肆虐"时候不戴围巾等，都是对颈部保养不利的习惯，一定要进行多方位的保养。

（1）自我养护。要重视颈部早晚护理，如把颈部洁肤、护肤、滋养看得与脸部同等重要。做颈部清洁和涂抹护肤品时，应从颈部最底处，双手交替由下向上轻推，可避免皮肤松弛。无论天气阴晴，出门在外应做好颈部防晒护肤，避免紫外线伤害。如果对颈部肤色（偏黑）不太满意，经常使用美肌膜可以增加颈部白皙、细嫩的效果。

（2）美容院养护。颈部按摩、敷膜都能加速颈部肌肤血液循环，为颈部增加滋润与营养。有条件者可定期到美容院做颈部护理，坚持每月做一至两次专业颈部护理，配合使用杏仁通络按摩膏按摩、涂玉颈霜、敷雪肌膜等，效果更佳。

五、唇部按摩养护

大多数人认为，双唇只是冬天才需要护理，夏季不用在意。其实这是错误的。夏季天气炎热，嘴唇没有角质层保护，抵御不了紫外线照射，更易出现干燥和细纹。因此，夏天更需要滋润双唇和防晒。然而，冬季唇部卸妆不彻底，会导致唇色暗沉和干燥，严重者可能染上"口红病"。因此，需要精心呵护唇部。

（一）养护要点

（1）彻底清除唇膏。平时习惯涂唇膏的女性，在卸妆时应先将卸妆乳由嘴角往中央方向把唇膏抹去，然后用唇部专用的卸妆液蘸取化妆棉在唇上敷数秒，使残余唇膏完全溶解后用干净的化妆棉擦去。

（2）唇部按摩。在睡觉前涂上润唇膏，后用无

名指点压、轻轻按摩，以促进黏膜下血液循环，使唇部呈现自然健康的粉红色。

（3）保湿。润唇膏通常只能使嘴唇油润，不能补充水分，为此每日要饮足够的水，也可用化妆水涂抹嘴唇，以保持湿润。如果嘴唇严重干裂，涂润唇膏后可用一块蘸有热水的化妆棉敷10分钟，可恢复嘴唇光泽。

（4）滋润防晒。做完嘴唇保湿后，一定要再涂润唇膏，防止水分流失。润唇膏最好选择有防晒作用的，因为紫外线可能对唇膏的成分有影响。平日涂口红等化妆品前，一定要先涂润唇膏，这样不但能保护嘴唇皮肤，防止口红色素沉淀在唇部微细毛孔中，还能更长时间的保湿唇色，便于卸妆。

（二）注意事项

（1）不宜经常去死皮。因为唇部本身缺乏保护层，易受到伤害。当唇部蜕皮时，忌用手撕或咬去皮屑，应先涂一层润唇油或膏，后用蘸有热水的化妆棉敷上几分钟，待死皮软化后以棉棒将其轻挑起来，再用小剪刀剪去翘起的死皮屑。

（2）戒掉不良习惯。有些人会经常舔嘴唇或用唾液湿嘴唇，这是不好的习惯。因为唾液中的酵素会使唇部皮肤更加紧绷，加快唇部皮肤水分的蒸发，让唇部变得更干燥。

（3）不用劣质润唇膏。要选择正规的品牌唇膏，因为劣质润唇膏含太多蜡质及甘油成分，蜡质不仅不能滋润唇部，反会影响唇部皮肤的新陈代谢，令嘴唇更加干燥。

（4）注意保湿。没有护唇膏的时候如遇干燥天气可用眼霜或维生素E油来滋润双唇，此外，应经常保持室内湿度，睡前可以涂抹滋润型、水分较多的唇油来保养唇部。

图1-10　涂油按抚

附：头面部按摩基本步骤与操作方法演示

（1）脸部涂按摩油进行按抚，一手置于下颏，另一手置于额部，双手从面部两侧上下来回按抚（图1-10）。

（2）手竖位，双手美容指（中指和无名指）从眉底线拉至发际线，上下推抹额部（图1-11）。

（3）两手横位在额部，左手食指、中指分开置于右侧太阳穴处，右手中指、无名指并拢，以指腹在左手食指、中指之间打竖圈，两手一起移动至左侧太阳穴处，左手先回到右侧太阳穴，接着右手再回到原位（图1-12）。

图1-11　推抹额部

图1-12　单手打竖圈

（4）在额中部两眉头间，左手食指与中指撑开眉头，右手美容指打圈，舒展眉间纹（图1-13）。

（5）美容指由额中打圈至太阳穴，并指压太阳穴（图1-14）。

（6）双手中指、无名指并拢，从右侧太阳穴交叉按摩半圈，至左侧太阳穴，按压太阳穴（图1-15）。

（7）双手掌横位，全掌着力，交替轻抚额部至发迹线（图1-16）。

（8）双手竖位，四指并拢，环状打圈按抚眼周（图1-17）。

（9）双手叠掌与眼部做横向绕"∞"字动作（图1-18）。

（10）用美容指在眼部环状打圈，再用中指按压睛明、攒竹、鱼腰、丝竹空、太阳、瞳子髎、球后、承泣、四白等穴位（图1-19）。

（11）美容指轻拉眼角，提升眼尾，轻拍瞳子髎穴及太阳穴（图1-20）。

（12）双手向上打圈滑压眉骨，再向上打圈用四指轻托眉部穴位（攒竹、鱼腰、丝竹空），至太阳穴按压（图1-21）。

（13）一手在左眼部做环状按抚，另一手作剪刀状，食指、中指提拉上、下眼睑及眼尾，再换做右眼部位（图1-22）。

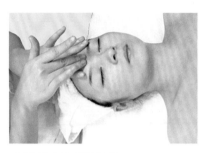

图1-13　舒展眉间纹

图1-14　额部打圈按压太阳穴

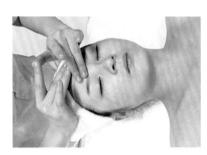

图1-15　美容指交叉按摩半圈

图1-16　轻抚额部

图1-17　按抚眼周

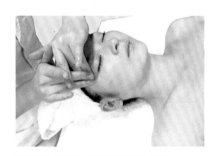

图1-18　眼部绕"∞"字按摩

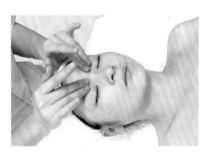

图1-19　眼部按摩点穴

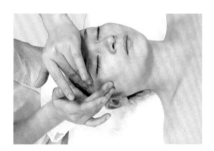

图1-20　轻拉眼角提升眼尾

图1-21　托提眉骨按摩穴位

图1-22　剪刀手按抚眼部

（14）掌根揉按太阳穴，然后用双手掌叠压额部并滑至下颏（图1-23）。

（15）四指放于下颏，双手大拇指于鼻翼处往外打圈（图1-24）。

（16）双手竖位，大拇指交叉，中指沿眉头、鼻翼上下推拉鼻部（图1-25）。

（17）中指分别点按迎香、鼻通、睛明、攒竹四穴（图1-26）。

（18）双手横位，中指、无名指交替向上按抚鼻梁（图1-27）。

（19）中指、无名指沿脸颊分三条线打圈。鼻翼打圈至太阳穴按压；嘴角打圈至听宫穴按压；下颏打圈至耳垂，按压翳风穴（图1-28）。

（20）双手大拇指、中指、无名指沿脸颊分三条线快速提捏局部肌肉（图1-29）。

（21）双手呈半握拳状，用大鱼际依次在下颏、口周、颧骨、颊部向上打圈，再至太阳穴按压（图1-30）。

（22）双手美容指分别按压巨髎穴、颧髎穴、下关穴、地仓穴、颊车穴（图1-31）；再用双手四指轻托下颏及下颌部进行按揉（图1-32）。

图1-23　掌根揉按太阳穴

图1-24　拇指于鼻翼处打圈

图1-25　上下推拉鼻部

图1-26　点按四穴

图1-27　横位按抚鼻梁

图1-28　脸颊打圈按摩

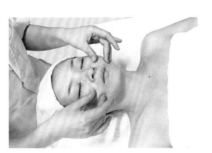

图1-29　提捏面部肌肉

图1-30　大鱼际按揉面部

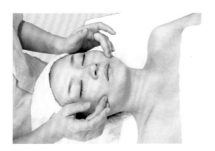

图1-31　美容指点穴

图1-32　四指轻托下颏及下颌部

（23）用四指两侧轮弹面部（图1-33）；再用双手单侧交替轮指按抚（图1-34）。

（24）双手重叠按压额部，一手滑至下颏处轻提，再滑回至额部进行按压（图1-35）。

（25）双手横位，一手放在额部，另一手托住下颏，全掌着力，做震颤性动作，双手交替按摩（图1-36）。

（26）双手呈半握拳状，托住下颏，大拇指交替推"包"下颏（图1-37）。

（27）大拇指、食指轻捏下颌，由内向外进行推"包"按摩（图1-38）。

（28）双手横位，中指、无名指沿唇周上下滑行，按摩唇周（图1-39）；拇指按压承浆穴、人中穴，中指按压地仓穴（图1-40）。

（29）五指并拢，从对侧耳根拉抹到同侧耳根（图1-41）。

（30）四指交替向上轻抹颈部（图1-42）；再包肩滑至风池穴进行按压（图1-43）。

图1-33　轮弹面部

图1-34　单侧交替轮指

图1-35　压额、提下颏

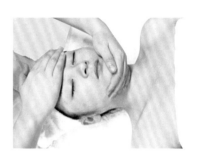
图1-36　震颤性按摩

图1-37　推"包"下颏

图1-38　轻捏、推"包"下颌

图1-39　唇周打圈

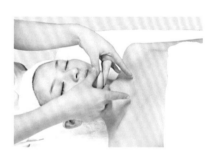
图1-40　点按唇周穴位

图1-41　双手交替拉抹下颌

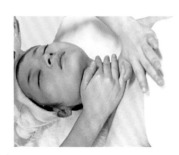
图1-42　轻抹颈部

（31）双手从太阳穴滑至两耳，拇指在双耳揉大圈（图1-44）。

（32）耳垂部位分九个点捏压，然后捏按整耳（图1-45）。

（33）将中指放入耳内进行轻揉提拉（图1-46）。

（34）食指、中指夹住耳部向上轻震（图1-47）。

（35）双手掌心盖耳轻揉（图1-48）。

（36）中指或食指在听宫穴、听会穴处上下搓揉（图1-49）。

（37）双手拇指、食指将耳朵向上、向下、向外轻拉（图1-50）。

（38）双手重叠，置于后颈部，交替向上提拉（图1-51）。

（39）揉捏后颈肌肉，双手上滑至风池穴点按3～5次（图1-52）。

图1-43　包肩滑至风池穴按压

图1-44　双耳揉大圈

图1-45　耳垂捏按

图1-46　中指耳内揉提

图1-47　夹耳向上轻震

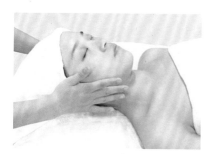

图1-48　掌心盖耳轻揉

图1-49　双指上下搓揉

图1-50　牵拉耳部

图1-51　颈后交替向上提拉

图1-52　揉捏后颈肌肉

（40）双手手指向上顶推胸椎、颈椎，动作轻柔（图1-53）。

（41）双手四指于前胸揉圈（图1-54）。

（42）双手捏拿双肩（图1-55）。

（43）双手四指揉按头部顶骨处（图1-56），再把头部轻轻转向一侧，单手揉按一侧的后脑勺（枕骨处），两侧交换轮流揉按（图1-57）。

（44）双手拇指从神庭穴按至百会穴（图1-58）。

（45）双手四指微曲呈梳子状，交替梳理头发，反复多次（图1-59）。

（46）双手快速抽抓头部（图1-60）。

（47）双手合十，叩击头部（图1-61）。

图1-53　双手手指顶推胸椎、颈椎

图1-54　前胸揉圈

图1-55　双手捏拿双肩

图1-56　揉按头部

图1-57　揉按后脑勺

图1-58　神庭穴按至百会穴

图1-59　梳理头发

图1-60　抽抓头部

图1-61　叩击头部

第五节　皮肤与健康饮食的关系

面部与身体的状态是健康的晴雨表。年轻时，面部与身体一般处于最佳状态，说明肌体各系统自身的平衡和外部保障的营养平衡处于最佳状态。随着年龄的增长、身体状况的变化及营养状态的改变都可能出现失衡状态，如皮肤变干、松弛、失去光泽、出现色斑等。因此要保持年轻的体态和娇好的肌肤，就需掌握营养平衡与皮肤养护之间的关系。

一、平衡美容原理

很多人养护皮肤，只重视外在营养的补充（做加法），日久天长却发现皮肤增厚，毛孔粗大，油脂分泌旺盛，变得又粗又黄，出现痤疮、色素斑。还有一些人追求皮肤美白，用护肤品过多的分解了皮肤中的核黄素、黑色素（做减法），日久天长却发现皮肤出现红血丝、敏感、容易过敏，这些都是没有遵循加减平衡美容原理造成的。

加法美容，就是通过外补法给皮肤补充营养，如涂抹乳液、日霜、防晒等护肤品。但是，过分使用加法美容会使皮肤代谢缓慢，角质层增厚，皮肤变黄、色素加深。此外，口服或进食维生素、矿物质、氨基酸、蛋白质、脂肪、糖类等也属于加法美容；减法美容则是通过外部刺激加快皮肤代谢，如用去角质、解毒素的护肤品，可去除死皮、分解皮肤黑色素。但是，过分运用外部减法美容会使皮肤缺水、变薄、易过敏。因此，加减美容法应当因人而异，兼顾合理的使用，才能达到理想的效果。

二、营养素及其作用

为了维持正常的生理功能，满足肌体的生长发育、新陈代谢和工作劳动的需要，人们必须每日从各种食物中摄入必要的营养物质，这些营养物质被称为营养素。它们主要包括蛋白质、维生素、矿物质、脂类、糖类、水、纤维素七大类。营养素对于调节肌体美容与肤质健康具有重要作用。

（一）蛋白质

蛋白质是一切生命的物质基础，是肌体的重要组成部分，是人体组织更新和修复的要素，是构成皮肤、肌肉、毛发、指甲、内脏、骨骼、血管等的主要原料，也是合成激素、遗传因子、酵素、抗体等必不可少的重要物质。蛋白质由20多种氨基酸组成，以氨基酸的组成数量和排列方式不同可构成多达10万种以上的蛋白质。它们在结构、功能上千差万别，这也就是生命多样性和复杂性的原因所在。人类摄取的蛋白质主要来源于鱼类、蛋类、豆制品、坚果（如核桃、花生、向日葵子、杏仁）、肉类（如牛肉、猪肉、鸡肉、羊肉）、小麦、乳制品中。在蛋白质（占10%～15%）、脂肪（占25%～35%）、糖类（占55%～65%）三大营养物质中，虽然蛋白质所占比例最小，但其作用却是最重要的。据统计，人体有10万种以上的蛋白质，占人体重量的16%～19%。蛋白质的主要作用如下：

（1）提供制造肌体细胞、组织、器官所需的氨基酸（生长、发育、衰老、更新）。

（2）通过血液向细胞输送氧料和各种营养物质（血红蛋白）。

（3）参与合成免疫系统的抗体、酶和激素（人体有1000多种酶，每分钟一个细胞里进行100多次生化反应，都由酶催化）。

（4）修复创伤，促进伤口愈合（损伤修复）。

（5）调节体内水分，保持电解质的平衡（调节渗透压，由血浆中蛋白质浓度决定）。

（6）参与合成酵素，它有助于将食物转化为能量（消化酶，防止内脏松弛）。

（二）脂肪

在三大营养物质中，脂肪产生的热能最多，且不溶于水。人们食用的脂肪由饱和脂肪酸、不饱和脂肪酸和类脂组成。脂肪是肌体必要的营养物质，是人体的主要能量来源之一，对骨骼及脑的生长发育与功能发挥具有重要作用。脂肪也是脂溶性维生素A、维生素D、维生素E消化、吸收和利用的物质来源。但是，摄入过多的饱和脂肪酸容易导致肥胖症，诱发高血压、糖尿病、心脑血管病等。因此，应避免摄入过量的脂肪，如制作食物时要多用蒸、煮法，避免炸、炒、烤等；要适度饮用脱脂牛奶，少吃奶油；多吃不饱和脂肪，如葵花子油、大豆油、粟米油、花生油等，少吃或不吃饱和脂肪，如动物性固态脂肪、可可油、椰子油等。肌体脂肪主要来源于动物肉（蛋类、奶类和脂肪组织）、油菜籽、芝麻、花生仁、葵花子仁、核桃仁、杏仁等各种坚果；各种豆类，如黄豆、红小豆、黑豆等；部分粮食，如玉米、高粱、大米、红小豆、小米等。脂肪具有以下作用：

（1）供给维持生命必需的热能，保持和调节体温相对恒定，贮存热能。

（2）构成身体的细胞。

（3）脂肪中的磷脂、固醇是形成新组织和修补旧组织、调节代谢、合成激素所不可缺少的物质。

（4）作为脂溶性维生素A、维生素D、维生素E、维生素K等溶剂。

（5）提供人体必需的脂肪酸。

（6）延长食物在消化道内的停留时间，利于各种营养素的消化、吸收，延缓饥饿。

（三）糖类

糖也是一种重要的营养素，人在缺少糖类时会全身无力、疲乏，出现头晕、心悸、脑功能障碍等，严重者还会出现低血糖、昏迷等症状。但饮食中服用糖类过多就会导致糖类转化为脂肪贮藏于体内，出现肥胖，甚至导致高脂血症、糖尿病等。糖类主要存在于蔗糖、谷类（如水稻、小麦、玉米、大麦、燕麦、高粱等）、水果（如甘蔗、甜瓜、西瓜、香蕉、葡萄等）、坚果、蔬菜（胡萝卜、番薯等）等食物中。谷类的天然状态分为胚芽、淀粉质和麸（外壳）三部分。胚芽和麸是最有营养的部分，富含多糖、维生素B、矿物质、蛋白质和纤维素，但在碾米和精选的过程中这些部分都被去除掉了，令人惋惜。因此，平时应多吃糙米、粗粮，如吃全麦面包等，将这一部分营养素补充回来。糖类的主要作用有：

（1）构成肌体的重要物质。

（2）提供肌体活动、思维、代谢等所需能量。

（3）调节食品风味和脂肪代谢，提供膳食纤维。

（4）节约和保护蛋白质。

（四）水

水是人类肌体赖以维持最基本生命活动的最重要的营养要素。人体内血液中的水含量约占90%，肌肉中的水含量约占70%，骨髓中的水含量约占22%。

生命起源于远古生态水。生命就是靠它的催化、激活作用形成氨基酸等小分子，进而形成高分子量的蛋白质等。如果没有水，新陈代谢就不可能进行。水不仅对肌体正常代谢如此重要，对皮肤保养也是不可缺少的。在化妆品中，水分子团越小，水的能量就越大，渗透力、溶解力、代谢力就越强，也就更容易进出细胞膜运送养料，带出垃圾。因此，活氧水原液是最适合人体细胞的水，是最佳的运输载体，它能持久地释放负离子。负离子能把水中大分子团"切割"成小分子团，使水瞬间负离子化，从而达到皮肤最宜吸收的级别，并能促使美容营养液达到最佳的功效发挥。活氧水原液还可以清洁皮肤、滋润皮肤，减轻化妆品对皮肤的刺激。对于皮肤的烫伤、割伤、撞伤，也可以使用活氧水原液，它能加速伤口愈合，防止感染。水的生理作用主要有：

（1）人体的重要组成部分。

（2）溶酶，促进营养物质的吸收和代谢，排泄废物。

（3）调节体温。

（4）直接参加肌体内的氧化还原反应和物质代谢过程。

（5）作为一种天然的润滑剂，输送物质。

（五）维生素

维生素是维持人体正常功能和代谢的重要营养物质，是促进生长发育和调节人体生理功能有机化合物。但人体不能自行合成维生素，或合成很少，必须从食物中获取，才能保证肌体每日的正常所需。

维生素分为水溶性和脂溶性两种。水溶性维生素无法贮存于体内，必须每日摄取，且在1～4天会被排出体内，如维生素C族、维生素B族等；脂溶性维生素则能在体内脂肪组织及肝脏贮存较长时间，如维生素A、维生素D、维生素E、维生素K。维生素的主要作用是调节生理功能，参与肌体氧化还原反应，调节体内物质代谢和能量转换等。各种维生素的主要作用如下：

（1）维生素A。可增强在光线不足时的视力，维持黏膜的正常功能，使皮肤光洁细嫩。美容效果:可使严重角质化的肌肤恢复正常，特别是对干燥剥落的肌肤，补充维生素A可起到预防作用。

（2）维生素B_1。可参与肌体糖代谢过程，强化神经系统功能，保持心脏正常活动。美容效果：帮助消化，防止肥胖和润泽皮肤。

（3）维生素B_2。可维持口腔及消化道黏膜健康，保护视力，防止白内障。美容效果：消除粉刺和色素斑，防止皮脂外溢、平衡油脂。

（4）维生素B。可保持身体及精神系统处于正常状态，维持体内钠、钾成分的平衡，制造红细胞。美容效果：促进人体的氧化还原反应，防止突发过敏，使皮肤亮泽、有弹性。

（5）维生素C。可对抗游离基、有助于防癌，能有效降低胆固醇，加强身体免疫力，对抗疾病，防止坏血病。美容效果：抑制黑色素的形成和慢性沉积，防治黄褐斑、雀斑及皮肤瘀斑。

（6）维生素D。有助于小孩牙齿及骨骼的发育，补充成人骨骼所需的钙质，防止骨质疏松。美容效果：提高皮肤的吸氧水平和生长速度，对皮肤新陈代谢具有良好作用。

（7）维生素E。可对抗游离基，保持红细胞的完整性，有助于防癌及心血管疾病，有助于降低血压，调节月经。美容效果：改善皮肤弹性、软化皮肤瘢痕、对抗细胞衰老、防治老年斑。

（六）矿物质

人的肌体无法自行合成或制造矿物质，必须经由饮食摄取。矿物质缺乏会使人出现头皮屑多，皮肤干燥、粗糙，牙龈出血、蛀牙，疲劳、易怒，对急性病的抵抗力降低等症状。矿物质主要存在于骨骼中，起着维持骨骼刚性的作用。骨骼集中了肌体99%的钙、大量的磷和镁；硫和磷是蛋白质的组成成分；细胞内普遍含有钾，体液普遍含有钠。体内矿物质有钙、钠、钾、氯、磷、镁、硫、铁、锌、碘、锰、氟、铬、硒、钴、铜等。各种矿物质对人的健康和美丽起着不同的功用。人体最容易缺乏的微量元素有14种，其中又以钙、铁、镁、硒、锌等为甚，这些微量元素对皮肤健康和美容具有较大影响。

1. 钙

钙是人体内最重要的、含量最多的矿物元素，但99%的钙分布于骨骼和牙齿中，1%分布于软组织和细胞外液中。钙必须与镁、磷、维生素A、维生素C、维生素D等一起合成，才能发挥最大作用。经期女性每月月经期可丢失约1000～1500毫克钙；十月怀胎可丢失约30000毫克钙；分娩时可丢失约5000～10000毫克钙；哺乳期每天可丢失约300毫克钙，绝经后钙流失的速度更快。肌体一旦缺钙，各个系统的功能都会发生紊乱。

饮食是我们摄取钙最简单也最有效的方法。凡患皮肤疾病都与缺钙有密切关系，如缺钙会导致硬皮病、痤疮、手足裂、皮肤粗糙、湿疹、牛皮癣、脱屑、瘙痒症、荨麻疹、老年斑、灰指甲等。近年来，有专家指出荨麻疹、湿疹、水疱、皮肤感染、色素斑等都是由于血管低钙性痉挛，引起皮肤供血不足或血液代谢紊乱导致的。因为钙参与神经传递的兴奋和释放，能调节自主神经功能，有镇静、消炎和降低血管通透性的作用。同时，钙能促进皮肤弹性组织的生成，抑制色素斑；钙还是抗过敏剂的重要成分。另外，钙可用于预防及治疗晒斑，如晒红和皮肤脱落，也可用于预防皮肤癌。

2. 磷

磷存在于肌体的每一个细胞中，是体内存量第二丰富的矿物元素。磷和钙都是骨骼、牙齿的重要构成

元素，人体内的钙与磷的比例约为2:1，钙、磷比保持平衡是维持人体健康的重要条件。磷对核蛋白的合成很重要，可帮助细胞分裂和生殖，使遗传特点由上一代传至下一代。人体对磷的吸收比钙容易，因此，一般不会出现磷缺乏症。当磷缺乏时会出现胃口不好，身心疲倦和神经障碍等。

3. 镁

镁元素占体重的0.05%，约60%的镁存在于人体骨骼和牙齿中，38%存在于软组织中，2%存在于血浆和血清中。在细胞内，镁可刺激酵素，帮助醣和氨基酸代谢。镁在维持神经系统功能、协调肌肉收缩、帮助调节酸碱平衡等方面发挥着重要的作用。镁元素作为酶化促进剂，能干预能量间的反应，在较多接合反应中，是不可或缺的"燃料"，同时也能供给细胞养分。

肌体从饮食中摄入的镁的吸收利用率约为30%～40%，所以人体一般不会出现镁缺乏症。新鲜绿叶蔬菜、海产品、豆类等是提供镁元素的主要食物来源；速溶咖啡、谷类、花生、核桃仁、全麦粉、小米、香蕉等也含有较多的镁。

4. 钠

钠元素对于人们来说再熟悉不过，我们每天食用的食盐其主要成分就是氯化钠。成人每天需要食用6～10克盐才能保持心脏的正常活动，维持正常的渗透压及酸碱平衡。食盐调味，能解腻提鲜，祛除腥膻；盐水还具有杀菌、保鲜、防腐的作用，用来清洗创伤可以防止感染；撒在食物上可以短期保鲜，或腌制食物防变质；用盐调水能清除皮肤表面的角质和污垢，使皮肤清透、润泽、靓丽，并可促进全身皮肤的新陈代谢，防治某些皮肤病，起到较好的保健作用。

但是，过多吃盐对人体有害无益，因为盐有保水作用，体内盐分多了，水分就会滞留体内，日久可诱发高血压。因此，成年人每天食盐量最好不要超过12克。盐中的钠、氯、钾等是人体电解质的主要成分。钠和钾在细胞内外互相协调、互相制衡，钠在细胞外，钾在细胞内，共同维持细胞内外渗透压、水分和酸碱平衡，一旦平衡被打破，钠含量增多则会对人体造成危害。

5. 钾

钾是细胞内最主要的阳离子，在正常人体细胞液内约占98%。食物中含有丰富的钾，如各种家畜、家禽、鱼类，以及各种水果、蔬菜中。人体对食物中钾的吸收、利用率可达90%以上，因此，正常情况下不易出现钾缺乏症。但是，如出现碱中毒、腹泻、糖尿病酸中毒、呕吐等情况，则会使尿钾大量丢失，并且可引起心跳加速、不规律，心电图异常，烦躁等症状，严重者还会导致心搏停止。

6. 碘

人体内碘含量很少，70%～80%集中于甲状腺内，其余的分布于肝脏、肺、睾丸、肾脏、血液、淋巴结、大脑等组织中。碘缺乏的典型特征是甲状腺肿大、甲状腺功能减退等。缺碘的孕妇所生的孩子可患呆小病。碘存在于各种食物中，如海藻、海水鱼、蔬菜、乳类、乳制品、蛋、全小麦等，最为有效的补充碘的方法是食用碘化食盐，这是每天每餐都可以达到的。但食入过多的碘也会引起碘中毒，需要特别注意。

7. 铁

铁参与构建人体内200多种生化反应，是提供氧分、解毒、对抗细胞老化时绝不可少的微量元素。体内的铁70%为功能铁，主要分布于红细胞和血红蛋白分子中；另外30%贮存在肝、脾和骨髓中。铁的主要功能是与蛋白质、铜结合形成血红蛋白，血红蛋白是红细胞中的重要物质，可在血液中携带氧，并将氧输送到人体各个组织，以维持生命。因此，铁对人体血液的构建和增加抵抗疾病的能力是有帮助的。

最常见的缺铁性疾病是缺铁性贫血，它使人的体质虚弱、皮肤苍白、无光泽、易疲劳、头晕、气促。动物肝脏、鱼子酱、鱼类、马铃薯、精白米、黄豆、菠菜、莴苣、韭菜等含铁量丰富，是铁的良好食物来源。

8. 锌

锌是人体的生命元素，其生理功能十分重要。锌与维生素的正常吸收，尤其是与B族维生素的关系特别密切；至少有25种酵素组织在消化和新陈代谢上与锌有关。锌是胰岛素的成分之一，也是酵素的一部分，锌不仅对糖类的消化和磷的代谢有着极为重要的作用，而且可参与合成核酸，与青少年生长发育关系密切。据科学家研究证明，锌可参与体内80多种酶的代谢反应，尤其是DNA和RNA聚合酶。另外，它还直接参与核酸蛋白质的合成、细胞分化和增殖、酶的激活等多个代谢过程。因此，锌是人体生长发育、生殖遗传、免疫内分泌等重要生理过程中必不可少的元素，缺锌会对肌体各系统产生不利影响，如缺锌会使青少年生长发育缓慢，身材矮小、发育不全、智力低下，还可导致口腔炎、舌炎、口腔溃疡、面部痤疮、秃发、脱发等疾病。锌还是维持和促进视力的重要元素，锌可参与体内，特别是肝脏维生素A还原酶的组成，因此，缺锌时会影响视力。平时可通过食用肉类、动物肝脏、糙米、小米、鸡蛋黄、豆类、芹菜、海产品等来摄取锌元素，以提高肌体免疫力。

9. 锰

锰是合成脂肪酸和胆固醇的催化剂，它与蛋白质、脂肪、糖类的合成有关，可影响人体的正常骨骼发育。锰对血液形成、乳汁分泌、尿素形成也至关重要。锰可维持性激素的活力，供给脑神经营养。锰缺乏时可影响生殖能力，有可能使后代先天性畸形，骨和软骨发育异常；还可导致胰岛素合成和分泌降低，影响糖类代谢，使葡萄糖耐量受损，导致血液中过多的糖分不能经由血液氧化排出或储存，从而引发神经衰弱综合征、影响智力发育、肌肉的协调性导致运动失调。在糙米、核桃、麦芽、莴苣、干菜豆、花生、马铃薯、大豆、向日葵籽、小麦、大麦及肝脏等食物中，锰的含量丰富，我们可注意及时补充。

10. 其他矿物质

（1）硒。硒是一种较为稀有的准金属元素，它具有防氧化的作用，如与维生素A和维生素E搭配，具有防老化的作用，能显著改善皮肤的状态。硒的需求量和中毒量比较接近。硒缺乏是引起克山病的重要病因，缺硒会诱发肝坏死和心血管疾病。摄入过量的硒可引起硒中毒，表现为胃肠障碍、腹水、贫血、毛发脱落、指甲及皮肤变形、肝脏受损等。在鱼、虾、蟹、啤酒、小麦、糙米、玉米、动物肝、肾中硒的含量较为丰富，可以适当食用。

（2）铬。铬是人体必需的微量元素，对糖代谢和脂肪代谢具有特殊作用。3价铬对人体有益，而6价铬则有毒。铬的生理功能是与其他调节代谢的物质，如激素、胰岛素、各种酶类、细胞的基因物质等一起发挥作用，并可参与葡萄糖的代谢过程，有稳定血糖含量的作用。缺铬可引起焦躁、疲倦、血糖水平异常、动脉硬化等症状。在啤酒、酵母、麦子、干豆、鸡肉、粟米等食物中，铬的含量丰富，可根据需要补充。

（3）铜。铜广泛分布于人体的各器官组织中，尤以肝脏、肾脏、心脏、头发和大脑中的含量较多。铜能参与血红蛋白和红细胞的形成，加速人体对铁的吸收，并可使氨基酸中的苏胺酸转变为黑色素，让头发变黑；还可参与蛋白质新陈代谢，促进伤口愈合，以维护正常造血功能和铁代谢，保证中枢神经系统的健康。缺铜会使人出现皮肤溃疡、贫血、骨质疏松、皮肤毛发脱色、肌肉张力减退、精神运动性障碍等症状。平日可以食用黑胡椒、蜂蜜、可可、动物肝脏、坚果、黄豆、油橄榄、麦麸、香蕉及牛肉等食物来补充铜元素的缺乏。

（4）硫。硫是一种非金属元素，存在于动物和植物的细胞中。由于它可以使头发保持光泽和滑润，让肤色清透、肤质嫩滑，故又被称作"美丽矿物质"。硫和蛋白质的关系很密切，对胶质合成也很重要，可促进胆汁分泌，并参与维持整个人体细胞的平衡，因此又被称作"生命动力元素"。含硫的食物主要有大蒜、圆葱、韭菜、卷心菜、花菜、花椰菜、甘蓝、无花果、干杏、芦笋、羊奶、干酪、燕麦、小麦、杏仁、腰果、山核桃、瘦肉、鸡蛋黄、动物肝脏等。

（七）纤维素

纤维素的主要功能是降低胆固醇，控制餐后血糖，改善大肠功能，清除体内有害物质，对于预防高血压、糖尿病、肿瘤、肥胖症等具有突出作用。纤维素可以分为两种。一种是植物纤维，它存在于各类水果、蔬菜等植物的皮、茎中。因此，吃水果、蔬菜时应该尽量连皮、茎一起吃。另一种是动物纤维，它存在于甲壳类动物的身体和体表中，如鱼鳞、虾、蟹、螺蛳外壳中，因此大部分纤维素还是只能通过和依靠植物纤维素来补给。

第二章

美容化妆用品及工具介绍

为了实现对皮肤的美容护理，我们需要使用一些基础美容用品，如洗面乳、爽肤水、乳液、防晒霜、面膜、精油等，为了塑造漂亮的外貌，展示个性、美丽的形象，我们还需使用一些加强和改造皮肤五官的化妆品，如粉底、眼影、睫毛膏、腮红、唇彩等，本章将介绍这些美容化妆用品的分类及使用方法。同时，各种美容化妆工具琳琅满目、不断革新，本章还将对各种常用的化妆工具类别、使用、保养等进行详细介绍。

第一节　美容化妆用品的分类与使用

随着现代科技的发展，许多美容用品兼具化妆品之功效，如美容常用的乳液、爽肤水、隔离霜等，能为上妆提供基础和方便；许多化妆品也具有美容的功效，如粉饼、BB霜，既可以遮盖面部瑕疵、均匀肤色，又可以起到隔离、防晒、滋养肌肤的作用，所以美容化妆用品越来越没有界限，人们可以根据自己的需要和习惯灵活选用。

一、美容用品的分类与使用

（一）洗面奶

洗面奶也称洁面乳，是用于清洁面部污垢，如汗液、灰尘、彩妆等的清洁用品。比起肥皂清洁对皮肤的刺激更小，冲洗也更容易。品质优良的洗面奶应该具有清洁、营养、护肤的功效。一般来说，普通洗面奶是不具有美白效果的，若在优质洗面奶中添加适量的皮肤美白剂（如香白芷、熊果苷、胎盘提取物、曲酸及其衍生物等），长时间使用是会有美白功效的。洗面奶按皮肤性质分，可分为柔和性洗面奶和油性皮肤洗面奶。柔和性洗面奶含有温和配方，适合中性、干性、敏感性皮肤，而油性皮肤洗面奶配方中含油脂较少，适合油性、暗疮性皮肤。洗面奶还可分为泡沫型洗面奶、皂剂洗面奶、溶剂型洗面奶、胶原型洗面奶。

使用方法：取适量水扑打于脸部使脸部湿润，取适量洗面奶于手心，加水揉搓至泡沫状，涂抹于脸部，并在额头，鼻尖，两颊等处以打圈的方式轻轻按摩几分钟，后用清水冲洗干净即可，洗面奶的使用最好每天早晚各一次。

（二）乳液

乳液类化妆品又称蜜类化妆品，是水包油型的乳化剂，含水量在10%～80%，具有一定的流动性，形状似蜜，故而得名。乳液具有三个方面的作用：去污、补充水分、补充营养。去污是指乳液可以代替洁面剂清除面部污垢；由于乳液中含有10%～80%的水分，因此，可以直接给皮肤补充水分，使皮肤保持湿润；乳液中还含有少量油分，当脸上皮肤紧绷时，乳液中的油分可以滋润皮肤，使皮肤柔润。

使用方法：先将适量的乳液倒入掌心中揉开，待稍有温度后，由脸部易干燥的脸颊或眼睛四周开始涂抹，并沿肌肉走向轻轻抹开。干性肤质可以多涂一些，油性皮肤和混合性皮肤的"T"字区部位可以少抹一些。涂完后，可用面巾纸轻轻按压，吸去多余的油脂。乳液的选择也非常重要，将乳液倒入手中，加入适量的水。若乳液易与水混合，则表示乳液的质地柔和、易洗净，对肌肤不会造成伤害。乳液的种类也有许多，应根据自己的皮肤进行选择。

（三）润肤霜（美容霜）

润肤霜具有保养皮肤的作用。能迅速补充肌肤所需水分，防止细纹和干纹的出现，帮助皮肤保持滋润，维持皮肤水分平衡，令肌肤柔嫩光滑。它能在脸上形成一层薄膜，可折射阳光，使脸上的彩妆更均匀、持久，且不易脱落，润肤霜可分为日霜和晚霜。

日霜的功能分不同的产品而言，除有修护、保湿、抗皱、紧肤外，最大特色还是在于可以防御环境（如紫外线、空气污染）对肌肤的伤害。从现在市售日霜的成分看，大多不会脱离日霜的防护、隔离功能，因为在这些产品中多含有紫外线过滤剂和一定的防晒成分，适合在白天出门前使用。在使用日霜的时候，要用"点压"的方法，先点涂在额头、面颊、鼻尖及下巴处。然后用中指及无名指轻轻打圈、点压。面部按斜向外、向上的方向涂抹，额头则可用双手手掌进行提拉涂抹。

晚霜是指用于夜晚，对白天受损肌肤进行夜间调理、修护的护肤产品。一般晚霜中活性成分含量较高，质地也比较滋润。晚霜和日霜的涂抹方式一样，但是有几个细节需要注意：涂抹晚霜后应该立即关灯睡觉，因为一点点光亮都会让肌肤细胞提高警戒，影响细胞的放松和养分吸收，而褪黑素也只在夜晚无光的时候分泌，所以及时入睡才能保持身体温暖，让细胞的养分吸收更好。

日霜、晚霜都应在洁面后涂抹。如果是晚霜还可在洗完澡后，待皮肤湿润微热时进行涂抹。因为肌肤的血液循环好，保养品的吸收效率也更高。

（四）防晒霜

防晒霜，是指添加了能阻隔或吸收紫外线的防晒剂来防止肌肤被晒黑、晒伤的保养品。具体而言，阻隔紫外线的防晒剂一般是指物理性防晒成分，其原理犹如打伞戴帽，可以将照射到人体的紫外线反射出去，主要成分有氧化锌、二氧化钛、物理性防晒粉体280～370纳米（防护UVA）、物理性防晒粉体250～340纳米（防护UVB）。吸收紫外线的防晒剂一般是指化学性防晒成分，可以吸收紫外线的能量而发生化学反应。

使用方法：涂抹防晒霜的手法和润肤霜一样，要顺着皮肤的纹理肌肉走向进行涂抹。涂抹放防晒霜20分钟后才能外出，因为防晒霜涂抹后需要经过一些时间才会被皮肤吸收和发挥作用。若是在阳光很强的天气外出，还应戴上帽子、太阳镜或打遮阳伞。长时间外出，应该每隔3～5小时涂一次防晒霜。出汗或游泳时，可每隔2～3小时涂一次。涂防晒霜的时间应该看防晒霜的SPF和PA值来决定，而它的功效时间长短是取决于SPF值的大小，以SPF15为例，它的功效时间是15×10分钟=150分钟。也就是说值为SPF15的防晒霜，表示的是防晒功效是10分钟的15倍，以此类推。

（五）隔离霜

隔离霜可以隔离彩妆、粉尘污染等对皮肤的伤害，相当于一层皮肤的保护膜，同时还可以起到修

正、提亮肤色的作用。夏天还有防晒隔离霜，既能防晒又有隔离效果。如果不使用隔离霜就涂粉底，会让粉底堵住毛孔伤害皮肤，也容易产生俗称"吃妆"的粉底脱落现象。在化妆前使用隔离霜就是为了给皮肤提供一个清洁温和的环境，形成一个抵御外界侵袭的防备"阵线"。

隔离霜有多种颜色，可作为化妆底色使用，与肤色进行融合，增强化妆的真实感。如紫色隔离霜适合偏黄的肤色，能将肤色调整为正常颜色，看起来有光泽；而绿色隔离霜可以遮盖面部偏红或多粉刺的现象，它的增白效果也较紫色隔离霜更明显。而粉红色隔离霜适用于惨白或无血色的肌肤，能让肌肤看上去红润自然。

使用方法：取适量隔离霜放在手心揉开，带有余温后涂于面部两颊处、额头、下巴，用中指和无名指两个指腹从脸颊处向下拉伸，然后扩展到额头中央，再向两边拉伸。眼睛周围和鼻翼等细小部位用指腹慢慢点涂，并向四周均匀抹开，随后轻轻拍打整个脸部直至完全吸收，还可以借助化妆海绵涂抹。

（六）爽肤水

爽肤水与紧肤水、化妆水、收缩水等一样，可以迅速为皮肤补充水分、进一步清除毛孔中的污垢，以恢复肌肤表面的酸碱值，调理角质层，为肌肤更好地吸收养分作准备。一般说来，健康皮肤可以使用爽肤水，油性皮肤应使用紧肤水，干性皮肤应使用柔肤水，混合皮肤"T"字区使用紧肤水，敏感皮肤选用敏感水、修复水等。

使用方法：洁面后，擦干皮肤，用化妆棉（化妆棉以吸饱爽肤水但拧不出水滴为最佳状态）蘸取爽肤水从脸部由下往上擦拭，并在鼻头、额头、下巴处"按"几下，再用双手轻拍，这样能帮助渗透，加速皮肤吸收。

（七）祛角质膏

很多时候，我们的皮肤都接触到一些不洁净的气体、环境，加上饮食不均衡、作息不规律、熬夜等因素的影响，都会使皮肤代谢速度减缓，使得角质细胞无法自然脱落，厚厚地堆积在表面，导致皮肤粗

糙、暗沉。所搽的保养品，往往也被这道过厚的屏障挡住，无法被下面的活细胞吸收。如果不加以人工干预，面部皮肤很容易就会因为代谢步调不一致而显得色泽不匀、容易衰老。所以必须利用祛角质的方法去除肌肤表面的老废角质，让肌肤重新呼吸。

祛角质的部位也有讲究，一般"T"字区祛角质频率建议为一周一次，脸颊区祛角质建议为两周一次。祛角质的时候，先将祛角质膏涂在脸上各个部位，均匀抹开后用中指和无名指施力进行画圈按摩。待到死皮全部揉起来之后，用温水洗掉即可，随后喷上爽肤水，涂好保湿润肤产品。若是肌肤敏感的人对于角质膏有不良反应，还可学会自制祛角质产品：

（1）食盐祛角质。洗脸后，让脸保持微湿状态，取少量的精盐在脸上按摩（眼睑四周避开），30秒后用大量的清水冲净，皮肤会变得光滑细致，一周以一次为宜。

（2）细砂糖祛角质。细砂糖4大匙，柠檬汁1/2小匙，橄榄油或者蜂蜜2大匙，香精油5滴（可根据自己的喜好选择），搅拌均匀后涂抹脸部，一分钟后洗去，一周一次为宜。

（3）橘子皮祛角质。将橘皮最外层的色素层削去，剩下的部分放在阳光下晒干，或是在微波炉中以低火力干燥5分钟。干燥后，切碎放入搅拌器碾成碎末，可用清水、化妆水或优酪乳调和，成为祛角质霜。

（八）眼贴膜

眼贴膜是眼部护理产品之一，对眼部肌肤具有保湿、滋养、亮肤、紧肤、防皱、修复、营养等多种功效。一般眼贴膜都采用无纺布制成，一些产品在此基础上做了改良，如将蚕丝融入无纺布的纸浆之中，更加丝滑帖服。还有一些新推出的眼贴膜，采用透明状的生物纤维材质（透明硅胶状），拉伸性更好，能更好地贴合眼周肌肤。这种眼贴膜加入胶原蛋白成分后，能针对眼部肌肤胶原蛋白的流走缺失而导致的眼部皱纹、眼袋、眼部浮肿、黑眼圈、眼疲劳等眼部问题进行彻底修复，能强化眼部细胞活力，刺激眼部血液循环，排除眼部累积毒素，增加细胞水分及营养。

使用方法：先彻底清洁眼部周围肌肤（眼部周围化过妆的应彻底卸除彩妆），轻轻揭去附于眼膜的塑料胶膜，将眼膜轻贴于眼部的下方，敷10～15分钟后，取下扔掉，待肌肤完全吸收眼膜精华后，用温水（或温热的湿毛巾）轻拭即可，也可以配合眼部护理手法及仪器进行操作。

（九）面膜

面膜最基本、最重要的目的是弥补卸妆与洗脸仍然不足的清洁工作，在此基础上实现其他的保养功能，例如补水保湿、美白、抗衰老等。膜是美容保养品的一种载体，敷贴在脸上15～30分钟，当保养品的养分被皮肤吸收后，即可撕下。面膜的材质有粉末调和状、高岭土、无纺布状及蚕丝状，目前最高科技、载体细致、最容易被皮肤吸的是蚕丝面膜，其一般活性成分为2.5%～22%。面膜的原理，就是利用覆盖在脸部的短暂时间，暂时隔离外界的空气与污染，提高肌肤温度，皮肤的毛孔扩张，促进汗腺分泌与新陈代谢，使肌肤的含氧量上升，有利于肌肤排除表皮细胞新陈代谢的产物和累积的油脂，随后，面膜中的养分渗入表皮的角质层，使皮肤变得柔软、自然光亮有弹性。面膜的形式主要有泥膏型、撕拉型、冻胶型、湿纸巾型等几种。泥膏型面膜常见的有海藻面膜、矿泥面膜等；撕拉型面膜最常见的就是黑头粉刺专用鼻贴；冻胶型以睡眠面膜最为出名；湿纸巾式一般就是单片包装的浸润着美容液的面膜纸。而蚕丝面膜，严格来说，应当归入湿纸巾型面膜中。一般面膜的正常使用频率在一周两次左右，如果需要对某种效果进行加强。例如让皮肤美白，可以在第一周连敷七天面膜，然后从第二周起，再每周敷2～3次即可。夜晚是皮肤美容的"黄金时间"，此时的皮肤细胞更加活跃，代谢能力更强，可以令面膜或其他保养品的美容精华更充分地发挥功效，使肤质获得更大提升。因此，夜间是做面膜的最佳选择。

在选择时一定要根据自己的肌肤类型选择适合自己皮肤状况的面膜。以下介绍几种对皮肤有效的天然面膜：

（1）对油性皮肤和粉刺肤质有效的天然面膜。

①黏土面膜：将黏土和蒸馏水以2:1的比例混合，并搅成糊状，均匀涂于面部，15～20分钟后，用清水洗净。

②海藻面膜：取一大勺海藻粉，再混合面粉（如荞麦粉）、蜂蜜等进行调制，后将其均匀涂于面部，15～20分钟后，用清水洗净。

③绿豆面膜：在绿豆粉中加入适量的蜂蜜、牛奶和清水，调成糊状，涂于面部约20分钟后，用清水洗净即可。

④绿茶面膜：3大勺的温水泡1大勺绿茶，加入麦饭石粉或绿豆淀粉搅成糊状，从粉刺严重的部位开始涂抹，约1小时后用清水洗净。

⑤土豆面膜：挑选未发芽的土豆，去皮后捣碎成糊状，敷面20分钟后清洗。

（2）对干性皮肤有效的天然面膜。

①芝麻油面膜：用少量的海藻粉和清水混调，放入3～4滴芝麻油，涂于面部，约20分钟后用清水洗净。

②猕猴桃面膜：将去皮的猕猴桃捣碎成糊状，加入1大勺面粉、1小勺酸奶和3大勺清水一起搅拌，涂于面部过20分钟后用清水洗净。

③香蕉面膜：用勺将香蕉捣至糊状，放入适量的营养乳液和蜂蜜，涂于面部，约20分钟后用清水洗净。

④西瓜面膜：将西瓜皮中的白色部分直接敷于面部，或先将西瓜皮中的白色部分捣碎成糊状，再放入海藻粉调匀，敷面。

（十）精华液

精华液也称精华素，是护肤品中的极品。其成分精致、功效强大、效果显著，它是高营养物质的浓缩，含有大量微量元素、胶原蛋白、精油等，能防皮肤衰老，具有抗皱、保湿、美白、去斑等功效。精华液有多种类型，可以根据自己的需要选择，使用的方法与乳液一样。

（1）植物精华素——从各种野生或人工种植的植物中提取的精华素，如桑叶精华、玫瑰精华、金盏花精华等，使用最广的是芦荟精华，因其刺激性小，对各类肤质都适用，主要效用是滋润、平衡水分和油脂分泌、消除红肿、减轻炎症。

（2）果酸精华素——由水果中提炼的果酸等物质制成，如甜杏精华、柠檬精华、水蜜桃精华、苹果精华等。果酸精华素具有较强的毛孔收敛功效，可使肌肤紧致光滑，但过敏性肤质不适用。

（3）动物精华素——动物精华素所具有的抗皱、防干燥功效不容否认，如王浆精华、鲨烯精华等，其性质温厚、养分充足，适用于缺水性肌肤。

（4）维生素精华素——从对皮肤有益的维生素中提取的精华，如维生素E精华、维生素C精华，不同的维生素精华有不同的功效，有很强的针对性。通常的胶囊矿物精华素可补充肌肤所需的微量元素，适合工作繁重、压力较大的女性使用。

（十一）精油

精油是从植物的花、叶、茎、根或果实中，通过水蒸气蒸馏法、挤压法、冷浸法或溶剂提取法提炼萃取的挥发性芳香物质。精油有"西方的草药"之称，具有亲脂性，很容易溶在油脂中，可以通过皮肤渗透进入血液循环，有效的调理身体，达到舒缓、净化神经等作用。精油还可防传染病，对抗细菌、病毒、霉菌，可防发炎，防痉挛，促进细胞新陈代谢及细胞再生。但纯精油含有多种不同的化学成分，大部分不能直接用在皮肤上，需要通过一定比例稀释后再使用，以下是几种常见精油的功效。

玫瑰精油是世界上最昂贵的精油，被称为"精油之后"。它能调整女性内分泌、滋养子宫、缓解痛经、改善性冷淡和更年期不适，尤其是具有很好的美容护肤作用，能以内养外、淡化斑点、促进黑色素分解、改善皮肤干燥、恢复皮肤弹性，让女性拥有白皙、充满弹性的健康肌肤，是适宜女性保健的芳香精油。

薰衣草精油是由薰衣草提炼而成，可以清热解毒、清洁皮肤、控制油分、祛斑美白、祛皱嫩肤、祛除眼袋和黑眼圈，还可促进受损组织再生恢复等。它能净化、安抚心灵，对心脏有镇静效果，可降低高血压、安抚心悸，对于失眠很有帮助，还能减轻愤怒和精疲力竭的感觉，使人平心静气。它还是最好的止痛精油之一，能有效改善肌肉痉挛，对扭伤、肌肉使用过度以及风湿痛也有很好的缓解作用。

茶树精油原产于澳洲，为茶树的提取物。适用于油性及粉刺皮肤，具有杀菌消炎，收敛毛孔的功效，能治疗化脓伤口及灼伤、晒伤、头屑，还能治疗咳嗽、鼻炎、伤风感冒、哮喘等症状，长期使用能使头脑清醒，抗疲劳，恢复活力。

精油的使用方法也有多种，如精油香薰、精油沐浴、精油吸入、精油按摩等，正确使用能对不同症状产生较好的疗效。

（十二）香水

香水是一种混合了香精油、固定剂与酒精或乙酸乙酯，喷洒后可以让人体保持持久的固定香味的液体（图2-1）。香水因其成分的不同而散发不同的香味，其保存期限通常是五年。一般香水的香味可以分为前调、中调和尾调三个部分。

前调是一瓶香水最先透露的信息，也就是当你接触到香水的那么几十秒到几分钟之间所嗅到的，直达鼻内的味道。前调通常是由挥发性的香精油所散发，味道一般较清新，大多为花香或柑橘类成分的香味。但前调并不是一瓶香水的真正味道，因为它只能维持几分钟而已。

中调是香水中最重要的部分，称为"香核"。也就是说洒上香水的你就是带着这种味道示人的。中调是一款香水的精华所在，这部分通常由是有某种特殊

图2-1　香水

花香、木香及微量辛辣刺激香制成的，其气味无论清新还是浓郁，都必须是和前味完美衔接的。中调的香味一般可持续数小时或者更久一些。

尾调是我们平常所说的"余"香。通常是由微量的动物性香精和雪松、檀香等芳香树脂组成，这个阶段的香味是兼具整合香味的功能的。尾调的作用是赋予香水一种"余音绕梁三日不绝"的深度，它持续的时间最长，可达整日或者数日之久，喷过香水隔天后还可以隐隐感到的香味就是香水的后味，这也就是香水制作的极致了。

香水的喷洒方法：喷香水时，让喷雾器距身体10～20厘米，喷出雾状香水，喷洒范围越广越好，随后立于香雾中3分钟；或者将香水向空中大范围喷洒，然后慢慢走过香雾，这样都可以让香水均匀洒落在身体上，留下淡淡的清香。还可以点擦式或小范围的喷洒，在脉搏跳动处、耳后、手腕内侧、膝后、头发上喷洒会让香气更浓郁迷人。总之，香水应该喷洒在体温高的部位，这样的温度能让香味挥发更快。但是香水不宜喷洒到阳光照射到的皮肤上，因为其含有的酒精成分在暴晒下会在肌肤上留下斑点，此外，紫外线也会使香水中的有机成分发生化学反应，造成皮肤过敏。

二、化妆用品的分类与使用

化妆用品是化妆造型的物质基础，不仅可以诠释妆容的风格和特性，而且直接左右着妆容色彩和造型的表现。如今科技的发展，化妆用品更是五花八门、日新月异，这就要求我们具备专业的化妆知识和辨识度，了解主要化妆用品的特性和使用方法。

（一）粉底

粉底是最常用的修饰肤色的化妆品，可以遮盖面部瑕疵、调整皮肤色调、抵御紫外线、增强面部立体感。粉底的主要成分是水、油脂以及色粉等。油脂和水可以使皮肤滋润、柔软，并富有弹性；色粉决定粉底的颜色，可用不同深浅的粉底调整面部轮廓和立体感，使脸显得更精致，也可用彩色粉底调整肤色（图2-2）。由于成分、用量、添加色、制作方法的不同，

图2-2　各种肤色粉底

粉底可以分成以下几种类型：

（1）修颜液。修颜液是利用色彩中补色的原理来减弱面部的晦暗、改变面部的蜡黄以及遮盖脸颊的红血丝，起到调整肤色的作用。修颜液的色彩有多种，但最常用的有绿色和紫色两种；脸颊偏红的人可以选用绿色修颜液，脸色偏暗或蜡黄的人可以选用紫色的修颜液，苍白的皮肤可选用粉红色修颜液，缺乏光泽的皮肤可选用米色修颜液等。

（2）固体粉底。俗称粉饼，能消除皮肤的油脂和光泽，具有较强的遮盖力。由于这种粉底会吸收皮肤的水分，所以干性皮肤的人不宜使用，比较适合油性皮肤的人使用。

（3）液体粉底。液体型粉底油脂含量少，水分含量较多，容易涂抹，比其他种类粉底更能充分体现出水的性质，化妆后显得湿润、娇嫩、自然。大体分为三种：透明型粉底液，涂抹后显得湿润、自然，适于干性皮肤及皮肤较好的人使用，它的缺点是遮盖力不够，但能充分显示皮肤的质感；遮盖型粉底液，涂抹后显得均匀、粉嫩，适于皮肤较差的人使用，能较好地遮盖皮肤瑕疵；闪光液体粉底，涂抹后能产生乳白色的肤色效果，使皮肤具有晶莹剔透的质感。

（4）膏状粉底。其油脂含量较多，具有较强的遮盖力，能使妆面持久，适用于面部瑕疵较多的皮肤。但是使用后皮肤缺乏自然的效果，多用于浓妆，特别是舞台表演化妆。

（二）遮瑕用品

使用粉底后，如还不能使面部肤泽均匀，或是瑕疵等部位还很明显，就应该使用一些遮盖化妆品。遮盖化妆品可以用于遮盖雀斑、黑眼圈、面颊处、鼻部和下巴上的红斑。但要注意的是，遮盖化妆品应比所使用的粉底的色差浅1～2度，并且它们的基色应该相同。例如，选用基色为米黄色作为粉底色，那么使用的遮盖化妆品的基色也应该为米黄色系的，而不能选用基色为粉红色系的遮盖化妆品。反之亦然。一般应依据人们不同的肤质、肤色及不同的季节、妆型进行选择。

遮盖化妆品主要有三种：遮瑕液、遮瑕膏和遮瑕霜（图2-3）。

（1）遮瑕液。遮瑕液跟粉底液的状态差不多，水分含量较多，容易涂抹，遮瑕液的包装盒里一般带有一只涂抹笔。涂抹遮盖液时，可采用"五点法"来进行。所谓"五点法"就是用涂抹笔在额头、鼻部、两颊、下巴五个部位，点上米粒大小的遮盖液，然后用手指的指腹以打圈的方法进行涂抹。

（2）遮瑕膏。遮瑕膏具有较强的遮盖力，一般用于遮盖雀斑。由于其抹在脸上宜形成一定的厚度，所以在涂抹时一定要注意手腕的轻重。最好用遮瑕笔在特别的地方加以重点涂抹。值得注意的是，使用遮瑕膏时难免会造成对皮肤的拉伤，所以不要在眼部等皮肤柔嫩处使用。

（3）遮瑕霜。遮瑕霜的黏稠度非常好，拥有遮瑕液和遮瑕膏的一般优点，同时又摒弃了它们的缺点。使用遮瑕霜时，最好能借助楔形海绵块来完成，并要采用轻压的方法来进行，否则会造成遮瑕霜和粉底之间的不均匀。遮瑕霜的黏性大，附着力强，易于调和，用于遮盖那些涂抹粉底后仍然明显的雀斑、黑眼圈和面部红斑等。遮瑕霜松软柔和，使用舒适，很适于用在眼部皮肤上，不会造成眼部皮肤松弛。

使用粉底和遮瑕产品最重要的是挑选与自己肤色相配的颜色。一般来说粉底和遮瑕产品的颜色要与自己的肤色接近或者亮一度，涂抹后应让人"不易察觉"，最好是呈现"裸妆"的效果。在选购粉底时，可以涂抹一点在自己的手背上，轻揉开来，然后在自然光线下比较两手，看是否出现明显变化，如果没有，说明此类粉底或遮瑕产品比较适合自己。

（三）散粉

散粉又称定妆粉或蜜粉，其作用是固定底色，使其持久，还能缩小皮肤毛孔，使皮肤看上去更加细嫩、自然；散粉还能够中和粉底和遮瑕霜的黏性，施粉后，眼影和腮红就很容易均匀地涂抹在丝一般柔滑的皮肤上了。散粉的选择需要根据肤色和粉底的颜色选择，一般可以分为以下两种：

（1）粉末状散粉。颗粒细致的粉末，具有吸收水分、油分的作用（图2-4）。将散粉扑在涂完底色的面部，可使皮肤与粉底结合更为紧密，且能抑制粉底过度的油光，防止脱妆，使肤色更为光洁细腻。使用时可借助于粉扑将蜜粉拍按在皮肤上，再用掸粉刷掸掉浮粉。常用的散粉有适合肤色的散粉，如透明散粉、自然色散粉、杏色散粉等；调整肤色的散粉，如浅绿色散粉（适用于晦暗、泛红的肌肤）、浅紫色散粉（调整晦暗发黄的肤色，可使其变得亮丽）、粉色散粉（使苍白的肌肤呈现粉红的感觉）等；还有表现特殊效果的散粉，如珠光白色散粉、

图2-3　遮瑕膏与遮瑕液

图2-4　粉末状散粉

图2-5　固体蜜粉　　　　图2-6　粉状眼影　　　　　　图2-7　膏状眼影

古铜色散粉等。

　　（2）固体蜜粉。呈粉块状，散粉压制而成，有干用和干湿两用型（图2-5）。颜色分亚光与珠光色两种。亚光蜜粉可以整体稳固肤色，稍稍提高肤色的明度，一般生活妆、职业妆较多使用；珠光蜜粉内有闪光的细小颗粒材料，涂在脸上有闪耀的感觉，一般用在创意、晚宴等场合，蜜粉补妆方便且效果好，特别适合油性的皮肤。

　　（四）眼影

　　眼影是加强眼部立体效果、修饰眼形以及衬托眼部神采的化妆品。其色彩丰富，品种多样，常用的眼影有如下几种：

　　（1）粉状眼影。呈粉块状，其粉末细致、色彩丰富（图2-6）。颜色分珠光色和亚光色，一般亚光色粉末更细致，不容易掉渣。较适合于眼睛略显浮肿的东方人。而珠光色眼影时尚感强，表现眼部的质感效果非常好，可起到特殊的装饰效果，通常用于局部点缀，也可作为面部提亮色。可以根据妆型及眼部晕染和眼形条件的不同，选用不同颜色的眼影粉。

　　（2）膏状眼影。膏状眼影是用油脂、蜡和颜料配制而成的（图2-7）。膏状眼影的色彩不如粉状眼影丰富、鲜艳，但涂后给人以光泽、滋润的感觉。由于膏状眼影会在双眼皮褶皱处堆积，所以上眼睑易出油者不适合使用。

　　（3）闪光眼影粉。眼影中含颗粒状闪光亮片。亮片有细腻型也有颗粒大的形状，色彩丰富。可根据不同的妆容风格选择不同程度的闪光眼影粉。

　　（4）眼影笔。外形类似铅笔，笔芯柔软可以直接涂于眼部，特别适合刻化细节。既可以用做眼影，又可作为眼线来使用。

　　（五）眼线饰品

　　眼线饰品是用于描画眼线的化妆品，可以调整和修饰眼形，增强眼部的神采。挑选眼线笔时一定要注意挑选质地较软的眼线笔，这样的笔画在细嫩的眼皮上感觉平滑舒适。购买眼线笔之前，要在手上进行测试：先画一条线，再用手把线轻轻地揉开，如果线能非常容易地被抹开且不会造成"糊糊"的效果，则这样

图2-8　眼线笔、眼线液、眼线膏

图2-9　睫毛膏

的眼线笔比较理想。描画眼线的产品种类较多，主要有：眼线笔、眼线粉、眼线液、眼线膏（图2-8）。

（1）眼线笔。眼线笔外形如铅笔，内含有黑色笔芯，芯质柔软，揭盖削开即可使用。便于携带，效果自然。

（2）眼线粉。最大的特点是晕染层次感强，上色效果好，适合眼部易出油者使用。

（3）眼线膏。内含油脂，色泽光亮，有各种颜色，上色效果佳，不易脱妆。

（4）眼线液。为半流动状液体，配有细小的毛刷，上色效果好。用眼线液描画出的眼线色泽浓郁，视觉感强烈，线条更加分明，但有时会显得生硬，缺少虚实感，更适合大型舞台剧、影视剧的化妆。

（六）睫毛膏

睫毛膏是用于修饰睫毛的化妆品。睫毛膏可使睫毛增长、浓密、卷翘，增加眼部神采与魅力（图2-9）。睫毛膏的色彩众多，有黑色、蓝色、紫色、透明色等，使用时用睫毛刷蘸取睫毛膏后，从睫毛根部向上、向外涂刷，待其完全干后再眨动眼睛，以防弄脏眼部妆容。现在还有新出的防水型睫毛膏，可以防水、防汗，能使刷过的睫毛保持更久。

（七）眉用产品

眉用产品主要有眉笔、眉粉、眉胶，它们能修正、弥补、描画、着色，将眉毛修饰为理想眉形。

（1）眉笔。形状如铅笔，可以进行削减，颜色一般分为黑色、深棕色、浅棕色和灰色（图2-10）。

眉笔主要用于加深眉色和画眉线，弥补残缺的眉毛，画出眉毛整齐均匀的效果。用眉笔在眉毛上描画，力度要均匀，描画要自然柔和，体现眉毛的质感。购买眉笔之前，最好拿眉笔在手背上画一画，以测试一下眉笔画出的线条是否清晰，眉笔的笔芯应软硬适中，不能太硬也不能太软。

（2）眉粉。一种描画眉毛的修饰粉，效果比眉笔自然，是现在流行的一种眉用产品。色彩以棕色、深灰色为主，分暖色和冷色两大色系，使用时应根据眉色、肤色、发色、妆色来选择合适的眉粉（图2-11）。

（3）眉胶。也称眉膏或染眉剂，质地类似防水睫毛膏，有黑色、褐色、棕色、彩色系列，黑色、褐色、棕色多用于普通的化妆，涂上去令眉毛自然立体；彩色眉胶一般用于夸张的化妆造型，丰富多彩、富有张力。

（八）腮红

腮红是用来修饰面颊的化妆品。它可以矫正脸形，突出面部轮廓，统一面部色调，使肤色更加健康红润，腮红根据效果的不同，也可以分为很多种（图2-12）。

（1）粉块状腮红。这种腮红是将粉末制成块状，它含油量少，色泽鲜艳，使用方便，适用面广，适合油性皮肤。

（2）膏状腮红。膏状腮红外观与膏状粉底相似，含有一定量的油分，比较柔软，它能充分体现面颊的自然光泽，特别适合于干性皮肤、衰老皮肤和透明妆使用，应在定妆前使用。

图2-10　眉笔　　　图2-11　眉粉　　　图2-12　粉状腮红与液体腮红

图2-13　唇线笔、唇膏、唇彩　　　　　　图2-14　卸妆油

（3）液体腮红。液体腮红水分更充足，容易晕开，自然柔和，是新型的彩妆用品。

腮红都是以红色系为主，有粉红、橘红、砖红、大红、玫红等，一般年轻人的肤色较好，可以选用粉色等明亮的暖色系，展示其活泼可爱的特点；年纪偏大的、成熟的人可以选择玫红、酒红等冷色系，以示其成熟优雅。

（九）唇部用品

（1）唇线笔。外形如铅笔，芯质较软，用于描画唇部的轮廓线，矫正唇形（图2-13）。唇线笔配合唇膏使用，还可以增强唇部的色彩和立体感。选择唇线笔颜色时应注意要与唇膏色属于同一种色系，且略深于唇膏色，以便使唇线与唇色协调。选购唇线笔时，先要在手上进行测试，唇线笔的质地不可太软，用手不能轻易地涂抹开，画出的唇线要能持久。

（2）唇膏。能修饰唇形，强调唇部色彩及立体感，具有改善唇色，调整、滋润唇部的作用。唇膏按成分有油质唇膏和粉质唇膏两种：油质唇膏滋润，色彩有光泽，遮盖力弱；粉质唇膏的覆盖力强，适合在改变唇形时使用。唇膏按其形状划分，有棒状、软膏状两种。棒状唇膏形似口红，为管状，使用较为广泛，易于携带，使用方便（图2-13）；软膏状唇膏一般放在盒中，可以随意进行色彩的调配，是专业化妆的首选。购买时，要测试不同颜色和质地的唇膏，因为有些唇膏涂抹后会使嘴唇感到干燥，应挑选自己感觉最舒适的唇膏使用。

（3）唇彩。质地细腻，光泽柔和，颜色自然，使用后会使唇润泽光鲜，有立体感（图2-13）。唇彩可单独使用，也可与普通唇膏一起使用。唇彩分为无色、有色两种。无色唇彩可以保持嘴唇的湿润光泽，有色的唇彩可以增添唇部的色彩，强化唇膏的效果，令双唇水润光泽。

（十）卸妆油

卸妆油是一种加了乳化剂的油脂，可以与脸上的彩妆油污融合，再通过水乳化的方式冲洗时将脸上的污垢带走（图2-14）。卸妆油卸妆的原理是用"以油溶油"的方式来溶解彩妆品和脸上多余的油脂的。油性

图2-15 双色修容粉

图2-16 水钻、羽毛、蕾丝、植物等化妆装饰物

卸妆品包括由纯油脂组成的卸妆油和油、蜡调配而成的卸妆油膏。卸妆膏含油比例越高，卸妆效果越好。与之相似的还有卸妆水，其不含油性成分，比较轻薄，适合卸眼睛、嘴唇等薄细部位的彩妆，油性肌肤的人可以选择。

使用方法：把卸妆油（水）涂抹在未打湿的脸上，用手进行按摩揉搓，将彩妆溶解后，用干净的化妆棉或纸巾擦干净，重复2~3次后，用流水冲洗。使用完卸妆油之后，最好再用洁面乳等产品彻底清洁面部一次，不要让卸妆油（水）在皮肤上停留时间太久。

（十一）双色修容粉

双色修容粉为粉末状化妆品，类似腮红粉、眉粉。通常为一个小平板盒，内有深咖啡色（深棕色）、白色（米白）两类色彩，其作用主要是调整面部轮廓和结构（图2-15）。定完妆后，配合化妆刷，将深咖啡色涂抹在颧骨下方、脸颊边缘、鼻梁两侧，将白色涂抹于鼻梁、眉弓骨、颧骨上方、下颌尖处，均匀晕染开后，能使面部轮廓起伏有致，立体感强。

（十二）化妆装饰物

化妆的材料直接影响到妆容的形态效果，除了常用的彩妆类材料以外，一些具有不同特性和效果的装饰材料也能让妆容增色不少，增加造型的时尚创意感。其中常用的有水钻、亮片、羽毛、蕾丝、纸质类、植物类等（图2-16）。

（1）水钻、亮片类。水钻、珠片闪烁，点缀于妆容中可增加华美精致的感觉。

（2）羽毛类。柔软飘逸的羽毛，多姿多彩、动感十足，可制造神秘和梦幻感。

（3）蕾丝类。精致、性感。能增添精雕细琢的奢华感和浪漫气息的女人味。

（4）纸质类。纸质材料在厚薄、软硬、肌理方面多种多样，造型能力强，色彩丰富、运用自由度大，可塑性强。

（5）植物类。有着活泼气息的自然美感，能增添一份新鲜、环保、灵动的特质。

三、使用美容化妆品的注意事项

美容化妆品是直接涂于皮肤表面的产品，好的产品能够滋润、营养皮肤，而劣质的产品对皮肤有一定的刺激作用，长期使用，容易引起皮肤病变。化妆品中含有脂肪、蛋白质等物质，时间长了容易变质或被细菌感染。化妆品应选用最新出厂的，一般在3～6个月内用完，并在阴凉干燥处储存。主要注意如下几点：

（1）不要使用变质的产品。变质的产品由于其性质发生改变，毒害物质对皮肤影响极大，一旦发现化妆品对自己皮肤有不良反应，应立即停用。表2-1为常用化妆品的使用、保存期与鉴别，可作参考。

表2-1　常用化妆品的使用、保存期与鉴别

化妆品名	使用次数	保持期限	变质性状
粉底	每日使用1次	液体状2至3年，粉状3年	乳液型的粉底水油分离、变味、变色，粉状粉底变光滑或发霉
散粉	每日使用1至2次	3年	有油分析出，表面变得光滑
腮红	每日使用1次	膏状2年，粉状3年	变味、结块、干裂、析出粉状物、变色
眼影	每日使用1次	膏状1年，粉状2至3年	粉状，析出油分，碎为细屑；膏状为结块
眼线笔眼线液	每日使用1次	液体6至12个月，固体笔2至3年	液体为干枯或水粉分离；笔状则为脱色
睫毛液	每日使用1次	3至6个月	干燥、结块、析出油分
唇膏	每日使用2次	2至3年	溶化、产生异味

注：此表只是一般情况下的产品保存和变质情况，仅做参考，由于新产品的问世和旧产品更新速度快，还需根据每款产品所标示的保质日期做具体参考。

（2）不要使用劣质产品。劣质美容化妆品一般由价格低廉的原料制成，且多由私人小工厂制作，其重金属和国家禁止使用的原料超标，产品质量无法保证，为了防止化妆品中有毒物质，如水银及致癌物质的危害，应选用有一定知名度和口碑较好且经国家卫生部门批准的优质产品。

（3）要防止过敏反应。在使用任何一种新产品前，要先做皮肤测试试验，可将化妆品涂抹于耳后等皮肤细嫩部位，24小时后无发红、发痒等反应，才能使用。一旦发现自己皮肤有任何不良反应，要立即停用。

（4）应根据气候使用不同类型的美容化妆品。寒冷干燥的冬天宜用含油性大的保养品，以保护皮肤不易干裂；春、夏、秋季宜使用水分较大的保养品，让皮肤水润清爽。

（5）要根据年龄选用专用的美容化妆品。许多美容化妆品的使用都有年龄的区分，是根据不同年龄阶段的人所研制的。如少女专用化妆品其成分一般根据少女的皮肤设计，不会太过浓重，要根据自己的情况进行选择。

（6）避免将美容化妆品吃进体内。美容化妆品只供外用，应避免吃进体内。为慎重起见，最好在饮食前擦去口红、唇彩等，以免随食物进入体内，引起不必要的健康隐患。

第二节　美容化妆工具的分类、使用与保养

美容化妆工具是为人实施美化的基础条件。因此，在学习化妆造型技巧之前，应对有关的化妆工具加以了解，才能在化妆实践中得心应手，运用自如。

一、美容化妆工具的类别及使用

"工欲善其事，必先利其器"，美容化妆是一门艺术、也是一门专业技术，不仅需要具备较强的审美能力和操作技巧，还需要拥有专业的美容化妆工具才能达到更好的化妆效果。因此，要掌握选择和辨别美容化妆工具的能力，并熟练地使用，才能取得事半功倍的效果。现在市场上化妆工具更是推陈出新，学习的同时需常关注市场流行和行业动态。

1. 化妆海绵

化妆海绵质地细密、柔软、富有弹性，能使粉底与皮肤充分融合，是上底妆的最好工具（图2-17）。化妆海绵分为天然海绵和乳胶海绵。纯天然海绵十分松软，不会磨损皮肤。遇水时不会像人造海绵那样过多地吸取液体，能减少粉底的浪费。乳胶海绵较便宜，使用也较方便，因此用途较广，其形状、大小各异，以三角形、圆形、椭圆形、方形居多，一般以三角形海绵涂底色效果较好，其平坦的一面可用于基础底色的涂抹，尖小的部位可用于粉底提亮或眼睛睫毛处、鼻子褶皱处、鼻翼和嘴角两侧等细小部位的涂抹。

海绵的质地有粗有细。用质地细的海绵上液体粉底较好，用质地较粗的海绵上粉状和膏状粉底较好。在使用海绵涂抹粉底之前，可以先用喷壶喷一点温水在海绵上，微微湿润的海绵和一定的温度可以保持粉底与肌肤接触时更融合，使妆面更细腻持久。

2. 粉扑

粉扑是扑按散粉（蜜粉）的定妆用具（图2-18）。在选用时，要选择纯棉且质地柔软细密的粉扑，因为化纤质地的粉扑容易起球，而且扑粉不均匀。使用时先将粉扑蘸取适量散粉，然后充分揉搓均匀，轻轻按压在面部各部位，可延长妆容的保持时间。另外，为了避免在化妆过程中，化妆师的手不小心蹭掉和弄花模特脸上的妆，可以用小拇指套上粉扑进行描画，这样化妆师的手指不会直接接触妆面，不会破坏妆面效果。质量好的粉扑接缝是缝在一起的，而不是粘在一起的，清洗时不会裂开。

3. 镊子

镊子的作用很多，除了可以拔除杂乱的眉毛、保持眉毛形状外，还可以用来夹住很多细小的化妆材料（图2-19）。常用的镊子有平头镊和斜头镊两种。眉镊最好是挑选斜头的，可以利用镊子斜头的倾斜度来掌握手指和眉毛之间的角度，不至于在使用不当时造成对皮肤的伤害等。使用镊子拔眉毛时，一定要顺着

图2-17　各种化妆海绵

图2-18　粉扑

图2-19　镊子

眉毛的生长方向进行。选购镊子时要注意镊嘴两端的平整与吻合，选择镊嘴比较紧的镊子。

4. 弯头剪

弯头剪的刀口呈现弯弯的弧形，主要是用于修剪眉毛及假睫毛的用具（图2-20）。修剪眉毛时，双手要紧贴肌肤，从眉尾往眉头修剪，注意一定不要刮伤皮肤。同时，弯头剪应选择全钢、头尖、刀口紧密、吻合度好的弯头剪，且不能用于剪指甲、头发、纸张或其他物品，以免破坏刀头及刀锋。

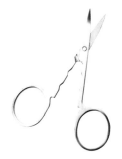

图2-20　弯头剪

5. 修眉刀

修眉刀用于剔除多余杂眉及脸部多余的汗毛。比较常见的有单面刀片、带保护层的长柄修眉刀（图2-21）、电动修眉刀。使用时将皮肤紧绷后，刀片与皮肤呈45°角，将多余的毛发轻轻刮掉后，用热水轻敷，再在刮过的皮肤上涂上护肤品，能够较好的保护皮肤。刮眉刀最好能在正确而熟练地运用眉镊子后再掌握使用，因为眼睛周围的皮肤较脸部其他部位的皮肤薄且敏感，若操作不当的话，会对皮肤造成伤害。

图2-21　修眉刀

6. 睫毛梳

睫毛梳是用来把睫毛向上或向外梳理整形的有效工具之一（图2-22）。它能把睫毛膏均匀地梳开，去掉睫毛膏凝块，将睫毛梳顺、梳长。

图2-22　睫毛梳

7. 睫毛夹

睫毛夹是使睫毛卷翘的工具（图2-23）。对那些没有自然卷曲睫毛的女性来说，睫毛夹的确是一种奇妙的工具。使用时，先让眼睛朝下看，让睫毛夹与睫毛呈45°角，然后用睫毛夹夹紧睫毛根部稍往里推，再轻轻地一层层往睫毛尾部夹，直到睫毛卷翘为止。值得注意的是，要选择夹头弹性良好、吻合完好的睫毛夹。另外睫毛夹的弯曲度也很重要，眼睛较平的人应选择弯曲度较小的睫毛夹，眼睛较立体的人则要选择弯曲度较大的睫毛夹。睫毛夹一般配合睫毛膏使用。

图2-23　睫毛夹

8. 假睫毛

假睫毛可以增加睫毛的浓度和长度，为眼部增添神采（图2-24）。随着科技的进步，假睫毛的种类和色彩更加丰富。就风格而言，有自然型、妖艳型、夸张型等；就色彩来看，有黑色、咖啡色、蓝色、紫色等。就形状来说，还有完整型（整体型、眼尾用两种）和零散型。完整型是指呈一条完整睫毛形状的假睫毛，适用于浓妆，使用前要先进行修剪，然后用化妆专用胶水将其固定在原睫毛根部。零散型是指由两根或几根组成的假睫毛束，适合局部睫毛残缺的修补，也适合淡妆中睫毛的修饰。使用时，用专用胶水将假睫毛固定在真睫毛上，并与真睫毛融为一体，可以根据场合和时间选择合适的假睫毛。

图2-24　假睫毛

9. 美目贴

有的人是单眼睑或者内双眼，需要增大眼睛时，就要选择美目贴来

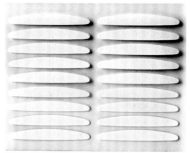

图2-25 美目贴的种类

帮忙。美目贴是一种专门用来粘贴眼睑的半透明胶带（图2-25）。用美目贴改变眼形，是依靠贴在上眼睑的硬质薄膜，将眼皮向上推挤，形成褶皱，以此来扩大双眼皮的宽度，改变眼部形态。美目贴最好是在化妆前进行粘贴，这时皮肤还没有上底色，黏合剂接触皮肤会比较牢固，如果是在上完底色后粘贴，眼皮出油、出汗会容易脱妆，需要另外使用黏合剂加固。粘贴时需要依据不同类型的眼睛而针对眼皮的不同位置来进行。美目贴的使用情况有如下要求：

（1）眼皮薄并且有些松弛的人，用美目贴粘贴双眼皮的成功率大、效果好。

（2）本来是双眼皮，但褶纹不深或眼形不理想，用美目贴加深双眼皮褶皱或加大双眼皮，可以达到比较理想的效果。

（3）眼睛一单一双或一个内双一个外双，可用美目贴将单眼皮粘贴成双眼皮效果，或将内双粘贴成外双效果，使眼睛基本对称。

（4）眼睑上有好几层褶皱，用美目贴粘贴后，可以除去多余的褶皱，形成清晰的双眼皮效果。

（5）上眼皮松弛或外眼角下垂，可以用美目贴改变眼形，将松弛的眼皮提起来，使眼神显得年轻、精神、黑白分明。

（6）过紧的眼皮，特别是肿眼皮，由于没有形成眼皮褶皱的余地，粘贴成功率较低。

（7）美目贴的粘贴技法。对着镜子查看上眼睑，用一根小发夹或牙签，在上眼睑边缘上方推顶眼皮，看是否能形成褶皱，能形成褶皱的，粘贴美目贴容易成型。如果仅仅能起很浅的褶皱，粘贴就比较困难，一般只能贴成内双眼。用这样的方法确定粘贴的美目贴的形状、长度、宽度，后使用美工刀和弯头小剪刀，按刚才确定好的形状、长度、宽度，修剪出所需要的美目贴大小。粘贴时让化妆对象闭上眼睛，用手指轻轻将上眼皮往上推，在刚确定的位置贴上美目贴，然后将推上去的眼皮放下，这样就形成了双眼皮。为避免美目贴产生反光，可以在贴好的美目贴上轻拍上一些粉，或者涂上眼影色，这样就能使粘上的双眼皮既自然又漂亮。

10. 辅助工具

（1）棉棒。棉棒是化妆时擦拭细小部位最理想的用品（图2-26）。如在描画眼影、睫毛等部位时，常常会因不小心或技巧不熟练而弄脏妆面，用棉棒蘸取乳液擦拭，能有效去除脏污。

图2-26 棉棒

（2）化妆棉。化妆棉可以用来涂化妆水和卸妆，一般为饼干大小，有单层、双层，即厚薄之分（图2-27）。取化妆棉蘸取卸妆水或卸妆油，涂抹于面部，轻轻揉搓，再用洁面乳冲洗即可。化妆棉也可以用来擦除不小心弄坏、弄脏的局部妆面，以便修改之用。

（3）纸巾。可用于净手、擦笔、吸汗及去除面部多余的油脂或卸妆等。纸巾应选择质地柔软、吸附性强的面巾纸。在清洁与消毒时可使

图2-27 化妆棉

图2-28 黏合剂

图2-29 各式化妆包（箱）

用湿纸巾。

（4）美工刀、卷笔刀。都是用来削卷化妆笔必不可少的工具，如削唇线笔、眼线笔和眉笔等。

（5）黏合剂。又称化妆胶水，它对皮肤和五官无刺激，高安全性。主要用来粘贴假睫毛、胡须、棉花及细小饰品。由于其易变干，用完后应及时密封（图2-28）。

（6）化妆镜。化妆镜是在家化妆和出门补妆时不可缺少的物品之一。除此之外，亦可用于选购化妆品时对颜色的测试。因为在一般商场里的灯光下测试化妆品，色彩几乎是失真的。如果带有一面小镜子，就可以把化妆品拿到自然光线下，仔细看这种颜色用在自己面部的效果。镜子不可太小，镜面部分至少应有手掌大小。

11. 化妆包、化妆箱

由于化妆品多而复杂，整理和存放最好能有专业的存放工具。化妆包、化妆箱都是用来存放化妆品的专门容器，以保护化妆品的整洁、干净、完好。现在的化妆箱已经有多种大小、规格和款式，有的还分为多层，具有许多独立的空间，能分门别类、规整干净地存放各类化妆品，便于化妆师在化妆时迅速准确地找到自己需要的化妆品，提高工作效率。有的还设有密码锁，做工精细。化妆师可以根据自己的需要和出行购买合适的化妆箱（图2-29）。

12. 化妆套刷

化妆套刷主要用于蘸取不同的化妆用品描绘于面部的各个部位。化妆刷的毛质种类繁多，我们通常可以把这些刷毛概括为天然刷毛（动物毛）和人工刷毛（合成纤维）两大类。天然刷毛和人工刷毛并没有绝对的好坏之分，主要视化妆刷的用途而定。化妆刷的选择要注意：好的天然刷毛柔软平滑，结构紧实饱满，刷毛不易脱落。可用手指夹住刷毛，轻轻地往下梳，能看出刷子是否容易掉毛。好的化妆刷，尾端毛峰的部分应该呈现天然的弧形，在选择刷子时，可将刷子轻按在手背，画一个半圆形，若发现毛的裁剪不整齐或毛峰有修剪过的痕迹，就表示品质比较差。还可用热风机吹刷毛，保持原状的就是动物毛，毛变卷曲的就是人造纤维。

如有条件，应尽量选择真毛刷，其抓粉上色能力更强，且毛质柔软，对皮肤接触好。劣质的化妆刷子则会或多或少的损害皮肤，并且用它完成的妆容色彩易浮在脸上，给人"脏""腻""花"的感觉。化妆套刷中的刷子有大小、长短和各种形状，它们的用途也不尽相同，可根据个人喜好配置，如八支、十支、十二支、十六支、二十四支等均可（图2-30）。下面分别介绍一下化妆套刷中单个化妆刷的特点以及使用方法。

（1）粉底刷。粉底刷刷头较大而且扁平，能大面积刷涂粉底液和遮瑕膏，令底妆效果均匀自然。如果需要修饰细小部位，可以用刷子的毛峰处理。粉底刷应该选用柔软、平滑、触感好的。

（2）散粉刷。散粉刷是化妆刷中最大的一种毛刷，其质地柔软，不刺激皮肤，主要用来扫去脸上多余浮粉。通常有小羊毛、松鼠毛，高档的还有貂毛（刷毛中的极品）等。从形状上分有多种，有圆锥形散粉刷，比较容易处理脸部的细节部位；圆形散粉刷，蘸粉量多，容易上妆，刷毛感觉蓬松，非常适合全脸使用；扇形散粉刷，有着最好的精确度，横着扫可以打大面积的散粉，倾斜着用可以打高光，竖着用

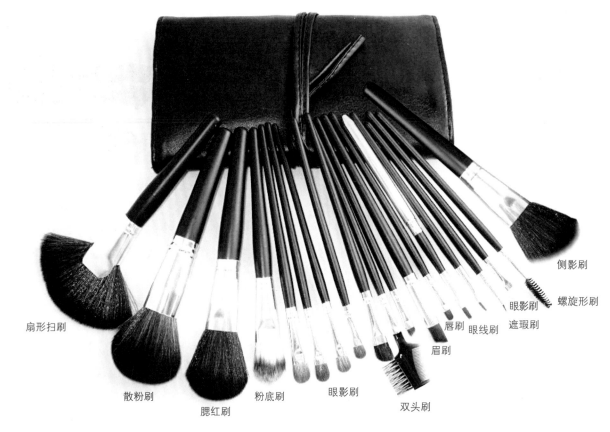

扇形扫刷　　散粉刷　　腮红刷　　粉底刷　　眼影刷　　双头刷　　眉刷　　唇刷　　眼线刷　　遮瑕刷　　眼影刷　　螺旋形刷　　侧影刷

图2-30　化妆套刷

还可以处理鼻翼等细节部位等。

（3）腮红刷。腮红刷主要用于扫腮红及轮廓色，其毛料光滑细腻，触感柔软，弹性较佳。挑选腮红刷的时候，要挑选刷毛不能是齐头的，而应是中间长、旁边短并呈圆弧状的刷子。这种刷子可以使面颊上的腮红分布均匀，避免腮红斑驳成块。常见的腮红刷主要有马毛腮红刷和羊毛腮红刷两种，另外还有灰鼠尾毛腮红刷及松鼠尾毛腮红刷等。

（4）侧影刷。侧影刷又叫轮廓刷，用于脸部外轮廓的修饰。主要用于蘸取深色修容粉刷在颧骨下方，让脸部的轮廓更立体、更精致，轻扫在腮红和下颌的过渡区域，还能淡化腮红边沿，使脸形修饰得更完美。侧影刷应选择刷毛较长且触感柔软、刷头形状呈斜形的比较好用。

（5）眉刷。眉刷为较小支的、刷头呈斜面状的化妆刷。斜面眉刷在描眉时可以替代眉笔，或结合眉笔使用，其斜面有助于在原有眉毛的基础上绘制出纤细理顺的眉线，还能进行染眉和修补眉形。眉刷材料各异，分软毛眉刷与硬毛眉刷两种，好的软毛眉刷有貂毛制成的，用于配合粉状的修眉用品使用；硬毛眉刷一般用猪毛制成，用于配合蜡状的修眉用品使用。

（6）螺旋形刷。螺旋形的刷毛缠绕在刷头，盘旋而上，这也是一种眉刷，它有两种作用：一是可以刷开杂乱的眉毛和睫毛上的结块物，将眉毛、睫毛梳理清楚，为上妆做准备；另一个作用是可以在用眉笔、眉粉画完眉之后，刷掉眉毛上多余的眉粉，调整眉色浓淡，使眉形自然干净。

（7）双头刷。由一排牙刷形的眉刷和睫毛梳两部分组成，眉刷一般由高级合成纤维制成，刷毛软硬适中，可以将杂乱的眉毛打理成形，为画眉之前使用；也可以在修剪过长的眉毛时，用来进行辅助配合。而睫毛梳则在上完睫毛膏后，用来梳理杂乱的睫毛和清理睫毛上的多余睫毛膏，令睫毛柔顺自然。

（8）眼影刷。眼影刷直接决定眼影的上妆效果，而不同大小、质地的眼影刷各有不同的作用和功效，所以眼影刷是化妆刷里大小种类最多的。眼影刷按照制作材料分为毛质眼影刷和海绵棒，毛质眼影刷具有良好的弹性，晕染上色均匀，配合粉状眼影使用最佳；海绵棒比毛质眼影刷晕染的力度大、着色效果强，配合膏状眼影使用效果更好。眼影刷按刷头大小可划分为大、中、小三个型号。大号眼影刷主要用于眼部较大面积的上底色，中号眼影刷可以较细致地修饰眼部，确定色彩的色相和层次感，小号眼影刷则用于修饰眼形，勾勒明显线条，加强细节部位的描画，如睫毛根部和下眼睑的强调色等。眼影刷按照形状还可分为圆头眼影刷和齐头扁平眼影刷，一般选择圆头眼影刷较多，它的刷毛由短到长排列，头部呈圆弧形，刷毛长短不一，眼影的粉末能够均匀地涂抹在刷子的斜面上，从而吻合眼睑的弧度，上妆自然。

此外，不同的色彩应使用不同的刷子，做到专色专用。最理想的是拥有四支以上的圆头眼影刷。一支用来涂抹白色作提亮用，一支用来涂抹咖啡色作定位用，一支用来涂抹浅色系眼影，一支用来涂抹深色系眼影。

（9）眼线刷。眼线刷一般配合眼线液、眼线膏使用。较好的眼线刷是用貂毛制作的，通常是笔底粗、笔尖细。用这种刷子画出的眼线非常精确、干净、整洁，刷毛亦不会分叉。使用时，用眼线刷蘸上眼线膏或眼线液沿着睫毛根部描画即可。

（10）唇刷。唇刷尺寸小巧，用于精确勾勒唇形。其中，用貂毛制作的刷子是最理想的，用其涂抹出的唇膏会显得非常饱满，立体感强。唇刷最好选择顶端刷毛较平的刷子。这种形状的刷子有一定的宽度，刷毛较硬但有一定的弹性，最适合涂抹唇膏这种黏性物质，唇刷还可以用来描画唇线和涂抹全唇。

（11）遮瑕刷。遮盖霜与唇膏一样都是黏性物质，所以貂毛制作的遮瑕刷是最佳选择。遮瑕刷最为细小，是为了能在诸如斑点、痘印、痣等细小的地方涂抹遮盖，且不会影响周边部位。

（12）扇形扫刷。顾名思义，刷子形状犹如打开的扇面，面积最大，扇形扫刷用于清扫脸上残留的多余化妆粉。尤其适合去除眼部多余的化妆粉，也可用于清扫鼻子两侧沟缝里的化妆粉。在涂抹眼影时，尤其要注意灵活运用扇形扫刷，有助于随时掸掉下落的眼影粉，确保妆容的洁净清爽。

二、美容化妆工具的清洁与保养

（一）化妆海绵和粉扑的清理

由于化妆海绵需要时时喷水，长期的水分会让海绵藏污纳垢，使用后的海绵应放在毛巾或面巾纸上完全地挤出水分阴干。而长期不用的海绵则会干硬结块，影响使用。建议化妆海绵和粉扑要一周清洗一次，在清洁海绵时要用温和的清洁剂，如洗发膏、洗面乳等，清洁时动作要轻柔，清洁后在阴凉处晾干。化妆海绵的使用有期限要求，容易老化，一旦出现松弛、开始裂口或者孔洞不均匀，就需要立即更换。

（二）化妆刷的清洗

化妆刷应至少每月清洗一次。唇刷和遮瑕刷使用后刷毛易黏在一起，如果不经常清洗，易粘灰尘，所以比起粉刷来更应经常清洗。在清洗刷子时务必要使用温和的清洁剂，最好是化妆刷专用清洁剂。清洗时先把刷子放入温水中，涂抹适量洗发膏或洗面乳，轻柔缓慢地梳理，注意不要破坏刷子原来的形状，可从毛根至毛梢方向冲洗。刷毛中沉积的化妆品在温水的轻压和冲撞下很快会溶解掉。经过反复挤压后，再把刷子放入流动的清水中冲洗干净，挤干刷毛后用纸巾将刷头包起来，确保刷毛不变形，后放在阴凉通风处晾干。

第三章
头面部构造与五官比例

美容与化妆都是在我们的头面部进行的美化操作，人的头面部不是一个平面，而是一个近似圆球的立体型，树立人体头面部的"形体"意识十分重要。其中包括对头面部骨骼结构的了解、对人面部肌肉组织结构的熟知、对人面部标准脸形与五官比例的掌握等。

第一节　头面部的"形体"概念

化妆的目的之一就是利用各种化妆手法，调整头面部形体特征，从而加强立体感，起到美化作用。在此，我们首先要了解头部及面部的基本形态特征。

一、头部的"形体"

由于人种族的不同，头颅大致可分为两大类："长头颅型"和"圆头颅型"（图3-1）。白色人种、棕色人种及黑色人种属于长头颅型，长头颅型的人面部比较鼓突、立体。黄色人种属于圆头颅型，圆头颅型的人面部较圆润、扁平。在化妆造型中，应针对不同头颅的类型进行合理塑造。

二、面部的"形体"

我们可将头部视为一个存在于空间的长方体，面

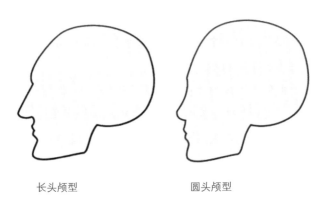

长头颅型　　　　　圆头颅型

图3-1　长头颅和圆头颅

部则是其中的三个面。由此可知，面部是有转折变化的。由两眉峰分别向下做一垂线，这两条线称之为轮廓线。两条轮廓线之间的面为内轮廓，内轮廓以外的面称为外轮廓。通过认识面部的转折关系，就可以利用化妆色彩的深浅、冷暖等特性，将圆润、扁平的面型塑造成圆润与立体相结合的面型。

第二节 头面部骨骼结构

头面部骨骼结构是化妆造型的基础所在，就像学习素描头像也必须对人头部结构进行深入了解，才能画的惟妙惟肖。头部的形体结构精密而复杂，除了有五官起伏、凹凸变化和头颅形状的变化之外，在五官结构和头颅结构中，人的种族、性别、年龄及个体特征都会反映在此。了解头面部骨骼的一般性结构，对分析、理解头部立体空间概念，理解头部造型的基本特征很有帮助，化妆师只有掌握了头面部的骨骼结构特点，才能在塑造人物形象时有深刻的见解，有的放矢地进行化妆和造型。

一、头部的骨骼构造

头部骨骼分为脑颅与面颅两大部分（图3-2）。

（一）脑颅

头部眉骨以上，耳以后的整个部分称为脑颅。脑颅是整个头部形状的支撑，主要包括顶骨、枕骨、额骨、颞骨几部分。

（1）顶骨。顶骨居头部最高位。左右一对，前端和额骨相接，左右与颞骨相连，形成脑颅的圆顶。

（2）枕骨。枕骨位于顶骨后下部，呈勺状，构成弧形颅底。

（3）额骨。额骨位于头顶前部，近似长方形，也称前额骨，构成人面部上方的大块面，外表凹凸变化较多，上与顶骨相接。男女的额骨区别较大，男性的较方，起伏明显，整块额骨向后倾斜度大；女性的额骨圆而饱满，角度平直。额骨主要包括：

①颞线。是额骨与顶骨、颞骨的连线，位于颞窝（太阳穴）的边缘。使额骨正面与侧面呈现90°的明显转折，也是区分人面部上半部正面与侧面的分界线。此线随着年龄增长而趋于明显。

②额丘。位于额骨上左右两侧各一，成圆丘隆起状，也称额结节，女性额丘较为明显。

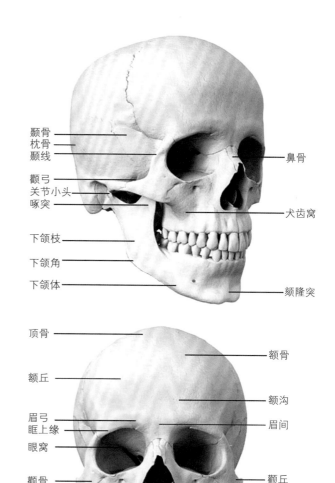

图3-2 头颅结构与各部位名称

③眶上缘。额骨的下边缘，分别为左右两个眶窝。眶上缘的外端有明显的突起称为"颧丘"，与左右颧骨的额蝶突相接形成一个眶外缘。整个眶上缘是前额的突面与眶窝的分界线，随年龄增长更显突出。

④眉弓。位于额丘下面，在眶上缘上方，眉弓与眶上缘平行，呈短的弓状隆起。眉弓外低内高，眉毛内低外高，两者正好成"X"形相交。男性眉弓较女

性明显，且年龄越大眉弓越明显。

⑤眉间。两眉弓中间呈现渐凹的倒三角区。眉弓越突起，眉间越明显。

⑥额沟。额结节与眉弓之间产生一条浅横沟，是面部上方较深的皱纹所在处。

（4）颞骨。左右各一对，在顶骨之下，额骨之后，位于颅的两侧。颞骨后接枕骨（枕骨位置在头部后面上接顶骨、下连颈）。颞骨与顶骨、蝶骨（很小，且向内走）、颧骨共同构成颞窝（太阳穴部位）。颞窝是浅浅的微凹状，面积较大，瘦人和老人尤其明显。

（5）蝶骨。位于颅的中部，枕骨前方，形似蝴蝶，与脑颅各骨均有连接。

（6）筛骨。位于蝶骨的前方、额骨下方和左右两眼眶之间，为含气的海绵状轻骨。

（二）面颅

头部前下方，眉以下、耳以前的部分称为面颅。起维持面形、保护感觉器官（如口、眼、鼻等）的作用，面颅包括两块上颌骨，两块颧骨，两块鼻骨，一块下颌骨。

（1）上颌骨。上颌骨在面部中央，与下颌骨共同构成口周围的半圆形，并形成鼻部软骨所在的梨状孔，孔的下方就是上齿槽，中央区与鼻骨相接，部分上升与颧骨的眉间三角区相接，外侧与颧骨相连。在眼眶下方的上颌骨有一凹窝，称为"犬齿窝"。颧骨高的人此窝深，老人、瘦人、病人的犬齿窝往往显于外表。犬齿窝内侧下方是"犬齿隆起"，同样随着年龄增长或因身体瘦弱而显露。

（2）颧骨。颧骨成对，位于面颊中部左右两侧，呈不规则的菱形骨，骨体中间微微隆起，形成两侧突出的面颊，称之为"颧丘"，也叫颧结节。骨体的上下左右分为四支，上支较长，在眼眶的外下角与额骨的"颧突"相接，构成眶外缘。向鼻部延伸的一支构成眶下缘与上颌骨相接，在耳孔前外支与颞骨的颧突构成"颧弓"，呈拱形条状隆起。从脸的正面看为最宽部位，其棱角分明，是面部明显的结构特征。瘦人颧弓突起，胖人由于脂肪所致呈内凹状。下支很小，内外支转折构成面部正侧面的区分点。

（3）鼻骨。鼻骨位于额骨眉骨下缘，左右两上颌骨额突的中间，各一块，呈不等边四边形，倾斜合成鼻梁硬部，下接鼻软骨。近鼻根底的硬骨高低因人种差异区别很大，一般鼻骨大者鼻根高，鼻骨小的鼻根低，男子的鼻骨比女子的略高些。小孩没有长成时，这块骨骼低而不明显。

（4）下颌骨。下颌骨在整个头骨中是唯一分离的骨骼，在面部的正前下方呈马蹄状，称下颌体，分为下颌体和下颌枝，正中的下颌体部分也叫作下巴颏。下颌体的牙床与上颌骨共同构成口部半圆形，前下方有一三角形突起称为"颏隆突"，颏隆突下面的两端称"颏丘"，也称颏结节。男性较为明显，颏部呈方形，女性颏部圆润，呈椭圆形。下颌体与下颌枝的转折交接部位形成的角度称"下颌角"，俗称腮帮子，其角度大小随年龄的变化而变化，也和脸形有关。下颌枝上端有前后两支，前支为啄突、后支为关节小头。

二、头部骨骼与化妆的关系

骨骼是人面部结构的基本构架，面部骨骼的凹凸起伏形成了面部丰富的立体变化。这些骨骼被肌肉和皮肤覆盖，在光照下形成面部阴影和亮部，有了立体结构。化妆必须遵循面部骨骼的真实生理结构，并以此为基础，进行真实可信的结构调整。因此可以依据骨骼的凹凸原理，通过不同深浅的底色塑造丰富的立体结构。根据骨骼的结构，运用绘画的手段（素描原理）对面部不够理想的部位进行矫正，如修饰肿眼睛时在浮肿眼皮上涂抹一些相对较深的颜色做处理，并提亮眶上缘、眼下方等其周围凸出的骨骼，使浮肿眼皮在视觉上有缩小后退的效果。

第三节　面部肌肉结构

一、面部的肌肉构造

人体的肌肉覆盖于骨头之上，大多数是两头附着于骨骼。它们都随着意识支使而活动，因此叫随意肌。唯有面部肌肉大多数是一头附着在骨骼或腱膜、筋膜上，另一头附着于皮肤（图3-3）。它们虽然也可以受意识支使，但是更主要的是在情绪的影响下牵动皮肤产生面部细致而又复杂的表情，故称表情肌。此外还有咀嚼肌，它分布在下颌关节周围，运动下颌关节，产生咀嚼运动，并协助说话。

（一）表情肌

表情肌属于皮肌，分布于额、眼、鼻、口周围。起始于颅骨，止于面部皮肤。收缩时使面部皮肤形成许多不同的皱褶与凹凸，赋予面部各种表情，如喜、怒、哀、乐等，并参与语言和咀嚼等活动。表情肌主要有下列几种：

（1）额肌。额肌起始于眉部皮肤，终止于帽状键膜。额肌的上面是颅顶肌，向下附着在鼻部的上端、两侧以及眶上缘的皮肤上。此肌微微收缩时表现

出思考的表情，紧张时表达惊愕的表情，与皱眉肌配合运动时，表达悲哀等情绪。额肌的肌肉纤维运动方向是上下的，外表皱纹的生成方向与肌肉生长方向成垂直关系。因此，收缩时可提眉，并使额部出现横向的皱纹。额肌以额头中心为界，左右两边呈不完全对称状，皱纹呈向上弧形。

（2）皱眉肌。位于眉间两旁的骨面上，起始于额骨，终止于眉中部和内侧皮肤。各自左右与额肌、眼轮匝肌相交错而附着于眉及眉毛中部的皮下。收缩时，可牵动眉形向下抖动，眉间形成明显的凹沟，表达思考、烦恼等表情。由于皱眉肌活动频繁，而使眉间形成竖形的皱纹，形似"川"字。

（3）降眉间肌。也称三棱鼻肌，起始于鼻骨上端，向上附着于鼻根与眉间的皮肤。此肌肉主要与皱眉肌联合运动，使眉头收缩下降，在鼻根处挤出一条或数条横纹，可加强皱眉肌所形成的表情，表现出注意、思考等表情。

（4）眼轮匝肌。肌肉扁薄，位于眼裂和眼眶周围，肌肉纹理沿眼眶绕圈，呈扁椭圆形环状，收缩时可闭眼或眨眼。人平常开闭眼睛，都是上眼皮肌肉起作用，下眼皮肌肉一般不动。闭合时上眼皮覆盖于下眼皮之上。眼轮匝肌内层的深层肌肉收缩，可使眼球突出，产生惊愕、愤怒、威吓等表情。由于眼部运动比较多，且表情变化大，眼部周围随着年龄增加，会产生一定的皱纹，皱纹方向与眼轮匝肌方向垂直，呈放射状。

（5）鼻肌。为几块扁平的小肌肉，收缩时可扩大或缩小鼻孔，分横部、翼部、中隔部三部分。横部走向鼻梁皮肤，左右相接于鼻梁部；翼部走向鼻翼附着于皮肤；中隔部附着于鼻中附近的皮肤。鼻肌是不发达肌肉，往往随着四周肌肉运动而产生哭、笑等表情，并产生鼻背纵向小皱纹。鼻肌在鼻

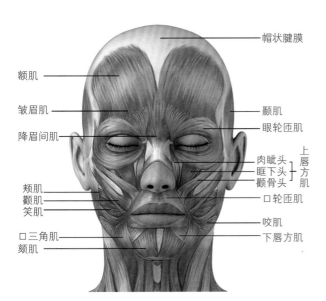

帽状腱膜

额肌

皱眉肌

颧肌

眼轮匝肌

降眉间肌

肉眦头　上
眶下头　唇
颧骨头　方
　　　　肌

颊肌
颧肌
笑肌

口轮匝肌

咬肌

口三角肌
颏肌

下唇方肌

图3-3　面部肌肉结构与各部位名称

部与鼻梁方向十字相交，因此鼻的皱纹是与鼻梁平行的。

（6）颧肌。起于颧弓前，在上唇方肌外方。斜牵于颧丘和口角之间，收缩时颊部形成弓形沟纹，并牵动嘴角向上运动，呈现喜悦、欢乐的表情。

（7）上唇方肌。起自内眼角、眶下缘和颧骨，终止于上唇和鼻唇沟部皮肤。上端分三个头，起于内眼角与鼻梁之间的骨面上的叫肉眦头；起于眶下缘的叫眶下头；起于颧丘内斜下方颧骨骨面上的叫颧骨头。三头向下合而为一，附着在鼻翼旁的鼻唇沟皮肤，一部分与口轮匝肌相连，收缩时可提上唇，加深鼻沟。可以表达气愤、哭泣等表情。

（8）笑肌。笑肌薄而窄，位于口的两侧，各有一块，起于耳孔下咬肌的肌膜，横向附着于嘴角的皮肤上。收缩时，牵引嘴角向外，故能做出微笑或大笑表情。

（9）下唇方肌。属于深层肌肉，起于下颏两旁的下颌体边缘，向上斜行附着于下唇皮下及黏膜内，终止于口角皮肤。这两块上内下外呈"八"字形生长的肌肉可以使口角牵向外下方，形成烦恼、焦虑、不满、厌恶、痛苦及威吓等神态和表情。

（10）口轮匝肌。呈环状围绕着口裂。内围为红唇部分，收缩时嘴唇轻闭或紧闭。外围收缩时，使嘴唇突起。

（11）降口角肌。也称口三角肌，呈三角形，位于下唇外方，覆盖下唇方肌，附着于嘴角皮肤。收缩时，牵引嘴角向下运动。

（12）颏肌。起始于下颌侧切牙牙槽外面，终止于颏部皮肤。收缩时，可上提颏部皮肤并使上唇前突。

（13）颊肌。位于上下颌骨之间，紧贴口腔侧壁颊黏膜。收缩时使口唇、颊黏膜紧贴牙齿，帮助吸吮和咀嚼。

（二）咀嚼肌

咀嚼肌附着于上颌骨边缘、下颌角旁的骨面上，产生咀嚼运动，并协助说话，主要包括：

（1）颞肌。自颞窝始，通过颧弓深面，下延伸至颌骨内侧。收缩时，将下颌骨提起，紧闭口部，帮助咀嚼。在咬物、言语时活动最多；在非常愤怒与残忍时，往往咬紧牙关，此肌必张紧而显示于外形。

（2）咬肌。也称咀嚼肌。是长方形的浅层肌肉，起于颧弓下缘，止于下颌支外。主要起咀嚼作用。收缩时，可上提下颌骨，因而紧扣颌骨，用力压在牙齿上，使上下牙齿强力咬合。在表情方面，当愤怒或抗拒外来刺激时，咬肌收缩，隆现于外表，并与颞肌配合，起闭口、咬物、言语、愤怒、残忍等表情作用。

二、面部肌肉与化妆的关系

面部肌肉附着于骨骼之上，与骨骼一起形成面部不同的形态特征。肌肉的厚薄、生长方向，成为面部丰满或消瘦的主要生理特征。肌肉的走向也能体现一个人的精神面貌，这就是我们常说的"相由心生"。

面部肌肉的活动，就是不断地收缩与扩张，表皮也随之运动，并随着年龄的增长而逐渐衰老。肌肉在这衰老的过程中，逐渐失去弹性而萎缩，开始下垂，表皮就会失去依托的附着物，产生皱纹。我们在表现增加年龄感的妆面时，就是根据不同的年龄阶段、肌肉的衰老程度来表现肌肉的下垂程度与走向的。

化妆时一定要了解肌肉的走向与其产生的表情之间的关系。比如额肌向下附着在鼻部的上端和两侧以及眶上缘的皮肤，此肌微微吸缩时表达惊愕的表情等；与皱眉肌配合运动时，表达悲哀等情绪。如果生活中一直是保持乐观态度的人，肌肉的走向就会往横向发展；如果生活中经常是悲观的，肌肉的走向就会往纵向发展。我们在塑造不同性格特点的人物时都要学会合理利用这些表情与肌肉的依存关系。

第四节 标准脸形与五官比例

一、标准脸形

西方的艺术家一早就将人体视为世间最美的物体，所以才产生了那么多著名的人体雕塑和绘画，人的面部和五官亦具有最美的要素和最为精确的比例。面部轮廓，以左、右鬓角发际线间距为宽，以额头发际线到下巴尖的间距为长，构成一个黄金矩形。黄金矩形是指宽与长之比等于或近似等于0.618的长方形。比例恰当、左右基本对称的面部能让人觉得舒适、悦目。而鼻子是面部的中心，它上承额部，下接口唇，将面部平衡对称统一在其两侧，对五官的整体和谐起着重要作用。面部的线条美和立体感都以鼻部为中轴线，从侧面看，闭口时，鼻部的轮廓线从鼻根至上唇占有面部的两个"S"形曲线，而从鼻尖到下巴尖画一条直线，若是双唇前缘正好落在这条直线上，即是完美的侧面轮廓。

自古以来，椭圆脸形和比例匀称的五官被公认为最理想"美人"的标准。但是人的体貌特征千差万别，不同年龄、不同性别、不同人种的整体比例都很难有统一标准。人的五官位置和形态特征各有差异，众多学者根据黄金分割法分析标准的面部五官比例关系，确立了"三庭五眼"的五官比例测量标准。

二、面部整体比例关系

脸形的长度和宽度是由五官的比例结构所决定的，"三庭五眼"是对脸形精辟的概括，对面容化妆有重要的参考价值（图3-4）。

（一）三庭

所谓"三庭"，是指脸的长度比例，即由前额发际线到下颏分为三等份，故称"三庭"。"上庭"是指前额发际线至眉间部分；"中庭"是指眉间到鼻底线部分；"下庭"是指从鼻底线至颏底线部分，它们各占脸形长度的1/3。

（二）五眼

所谓"五眼"是指在眼水平线上面部的宽度比例。以一只眼睛长度为标准，从左耳际到右耳际把面部的宽分为五个等份。两眼的内眼角之间的距离为一只眼睛的长度，两眼的外侧至同侧耳际各为一只眼的长度。

"三庭五眼"不仅是当今世界公认的标准脸形比例的测量标准，同样也适用于我国人体面部五官轮廓的比例关系。早在中国古代，前人就用此法来描绘人的脸部轮廓与五官，塑造了无以计数的中国古典美人形象。经过千百年的实践与修整，我们可以从中得一些结论："三庭"决定着脸的长度。其中鼻子的长度占脸部总长度的三分之一；"五眼"决定着脸的宽度，两眼之间应有一只眼的距离。这些结论都为我们进行面部矫正化妆提供了基本依据。

三、面部各部位名称及局部比例关系

化妆是在人体头面部的客观条件基础上实施的技巧，因此化妆师必须了解面部各部位的名称（也是化妆常用的专业术语）及局部的重要比例关系，做到心中有数，有的放矢，才能塑造完美的形象。

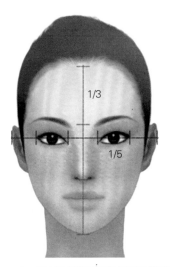

图3-4 面部"三庭五眼"比例关系

（一）面部各部位名称

（1）额。眉毛与四周发际线之间的区域。

（2）眉棱。生长眉毛的鼓突部位。

（3）眉毛。位于眶上缘的一束弧形的短毛。

（4）眉心。两眉之间的部位。

（5）眼睑。环绕眼睛周围的皮肤组织，其边缘长有睫毛，俗称"眼皮"。眼睑分为上眼睑和下眼睑。

（6）眼角。亦称眼眦。位于眼睛左右两端，分为内眼角和外眼角。

（7）眼眶。眼皮的外缘所构成的眶，位于眶上缘部位。

（8）鼻梁。鼻子隆起的部位，鼻骨最凸的尖端，最上部称鼻根，最下部称鼻尖。

（9）鼻翼。鼻尖两旁的部位，鼻孔外的圆润处。

（10）鼻唇沟。鼻翼两旁至脸颊之间凹陷下去的部位。

（11）鼻孔。鼻腔的通道。

（12）面颊。位于脸的两侧，从眼到下颌的部位。

（13）唇。口周围的肌肉组织，包裹着口轮匝肌，通称"嘴唇"。

（14）颌。构成口腔上部和下部的骨头和肌肉组织，上部称上颌，下部称下颌。

（15）颏。位于唇下，下颌骨的底端，脸的最下部分，俗称"下巴颏儿"。

（二）面部局部比例关系

1. 眼睛与脸部的比例关系

眼轴线为脸部的黄金分割线，眼睛与眉毛的距离等于一个眼睛中黑色部分的大小。眼睛的内眼角与鼻翼外侧成垂直线（图3-5）。

2. 眉毛与脸部的比例关系

眉头、内眼角和鼻翼两侧应基本在人正视前方的同一垂直线上。眉梢的位置在鼻翼与外眼角连线的延长线与眉毛相交处（图3-5）。

3. 鼻子与脸部的比例关系

黄金三角是指腰与底边之比等于0.618或近似值的等腰三角形，其内角分别为36°、72°、72°。人体具有三角形特征的部位很多，但对人的面部形象极具重要意义的，是集中在人脸部的三个三角形（图3-6）。

（1）鼻部正面，是以鼻翼为底线与两眉间中点构成的一个黄金三角。

（2）鼻部侧面，是以鼻根点（两内眼角连线中点）为顶点，鼻背线（鼻根点和鼻尖的连线）与鼻翼底线构成的一个黄金三角。

（3）鼻根点与两侧嘴角，是以嘴角连线为底线与鼻根点构成一个黄金三角。

（4）鼻部轮廓，以鼻翼间距为宽，以眉头连线至鼻翼底线间距为长，构成一个黄金矩形，且此矩形位于面部轮廓黄金矩形的正中央部位。鼻部宽度是鼻翼间距，正好等于内眼角间距，鼻梁宽度为两内眼角间距的三分之一。

4. 嘴唇与脸部的比例关系

嘴部轮廓，当面部处于静止状态时，以上唇峰至下唇底线间距为宽，以两嘴角间距为长，构成一个黄金矩形。标准唇形的唇峰在鼻孔外缘的垂直延长线上，嘴角在眼睛平视时眼球内的垂直延长线上。下唇略厚于上唇，下唇中心厚度是上唇中心厚度的两倍，一般来说标准的唇形应该轮廓清晰，嘴角微翘，富有立体感（图3-6）。

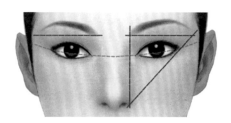

图3-5　面部局部比例关系1

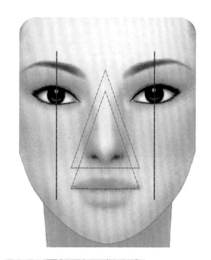

图3-6　面部局部比例关系2

从远古时期开始，人类就懂得从矿物质和植物中提取染料制成色彩来装饰自身，如今色彩在生活中的运用更是异常广泛。但色彩究竟是什么？它是如何形成的？如何进行正确的色彩选择与搭配？对于这些问题一般人却不一定能回答出来，色彩学无疑也是美容化妆学科中最为重要的内容之一。本章将重点阐述色彩的形成与分类、色彩的基本属性、色彩的视觉心理效应等，以让读者掌握科学而专业的美容化妆用色方法与技巧。

第一节　色彩的形成与分类

一、色彩的形成

人们要想看见色彩，必须具备以下三个基本条件，缺一不可：

第一是光，光是色彩产生的条件，色彩是光被感知的结果，没有光就没有色彩。

第二是物体，只有光线而没有物体，人们依然不能感知色彩，因为物体是光产生色彩的载体，正如美国宇航员登上月球的照片，它的背景是漆黑一片的太空，什么物体都没有，当然也就看不见色彩。

第三是眼睛，可以把人的眼睛形容为一部"精密照相机"，人眼中有视觉感色蛋白质等多种组织，经过大脑的分析处理，便能辨识色彩。

从这个意义上讲，光、物体、眼睛和大脑发生关系的过程才能产生色彩。人们要想看到色彩必须先有光，这个光可以是太阳光的自然光源，也可以是灯光等照明设备发出的人造光源，当光线照射到物体上，物体吸收了部分光，而反射出来的光线传到我们的眼睛后，视觉神经再将这种刺激反馈给大脑的视觉中枢，我们才能看到物体，看到色彩。

二、色彩的分类

我国古代把黑、白、玄（偏红的黑）称为色，把青、黄、赤称为彩，合称色彩。按照现代色彩学的视觉作用和感受，可以把色彩分为三大类。

1. 无彩色系

无彩色是指光源色、反射光或透射光未能在视觉

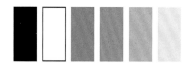

图4-1　无彩色系

图4-2　有彩色系

图4-3　独立（金、银）色系

中显示出某种单色光特征的色彩序列。主要有黑色、白色和不同深浅程度的灰色（图4-1）。

2. 有彩色系

有彩色是光源色、反射光或透射光能够在视觉中显示出某种单色光特征的色彩序列，如红橙、黄、绿、青、蓝、紫，以及这些色彩所衍生出的其他色彩（图4-2）。

3. 独立色系

这种色系主要指富于典型金属色彩倾向的色系，即带有金属光泽的色彩，如金色、银色，或其他有着金属光泽的色彩等（图4-3）。

第二节　色彩的基本属性

一、色彩三要素

认识各种不同的色彩，基本的前提是必须了解色彩的三要素。每一种色彩都具有三种重要的性质，即色相、明度及纯度，因此被称为色彩的三要素或色彩的三属性。

（一）色相

所谓色相是指色彩的相貌，是一种色彩区别于另一种色彩的表象特征，也是区分不同色彩名称的依据。色相的范围相当广泛，光谱上的红、黄、蓝、橙、绿、紫六色，通常用来当作基础色相，但是人们能分辨出的色相，不仅这六种颜色，因为每种色相两两相加又会出现新的色彩，以至于还有成千上万种的色相是我们叫不出名字和难以分辨的。

色相在化妆中占重要的地位，具有明显的主导作用，色彩的丰富性、冷暖感、心理作用及其情感主要通过色相的对比来传递。

1. 三原色

三原色也称第一次色或者"母色"，这三种颜色不能由别的颜色调和而成。颜料的三原色为红、黄、

图4-4　24色色相环

蓝（图4-4内正三角形）。三原色红、黄、蓝是指色彩纯度最高，达到饱和度的正红、正黄、正蓝。将三原色按照不同的比例调配，可以混合成无数的色彩。

2. 三间色

间色也称第二次色，是由两种原色混合调配而成的。因此在视觉刺激的强度上相对三原色来说缓和了不少，但仍有很强的视觉冲击力，可带来轻松、明快、愉悦的气氛，属于较易搭配之色，如红与黄相混合成橙色，黄与蓝相混合成绿色，红与蓝相混合成紫色。所以橙、绿、紫三种颜色被称为"三间色"（图4-4内六边形三个角）。

3. 复色

复色也叫"复合色"。是由原色与间色或间色与

间色相调而成的"第三次色",复色的纯度最低,含灰色成分较多（图4-4除三原色、三间色外的其他颜色）。复色包括了除原色和间色以外的所有颜色,因此色相倾向较微妙、不明显,视觉刺激度缓和,如搭配不当,易呈现沉闷、压抑之感,属于不易搭配之色。但有时复色加深色的搭配能很好地表达神秘感、纵深感和空间感,明度高的复色多用来表示宁静、柔和、细腻的情感,在化妆中,复色也是运用得较多的色彩之一。

（二）明度

明度是指色彩的明暗程度,也是色彩的深浅程度,是表现色彩层次感的基础。物体受光量越大,反射光越多,物体色彩就浅,反之则深。明度高是指色彩较明亮,而明度低就是指色彩较灰暗。一种颜色,按其光度的不同,可以区别出许多深浅不同的色彩。

在无彩色系中,明度最高的为白色,明度最低的为黑色。黑白之间存在一系列灰度色阶,靠白的部分为亮灰色,靠黑的部分为暗灰色。在有彩色系中,任何一个色彩都有着自己的明度特征（图4-5）。例如,黄色明度最高,橙、绿次之,然后是红、青,明度最低的为蓝、紫。任何一个颜色,掺入白色,明度提高,掺入黑色,明度降低。一般明度高的颜色有突出、放大、轻盈的视觉效果,明度低的颜色有后退、缩小、厚重的视觉效果。

（三）纯度

纯度又称彩度、鲜艳度或饱和度,是指色彩的纯净程度,也可以说是色彩的鲜活程度。色彩越纯,饱和度越高,色彩越鲜艳。一个色彩加入黑、白色后,既改变了它的明度,也降低了它的纯度。纯度在化妆色彩中的运用与变化对人们的心理影响极其微妙,不同年龄、不同性别、不同职业、不同文化教育背景的人对色彩纯度的偏爱有较大的差异。一般来讲,纯度高的色彩有跳跃、凸显的视觉效果,纯度低的色彩则隐晦、暗淡,无太多生气（图4-6）。

二、色彩的体系与划分

为认识、研究和应用色彩的方便,将千变万化的色彩按照它们各自的特性,做一定的规律和秩序性排列并加以命名,这就是色彩的体系,具有代表性的色彩体系有"色立体"和"色相环",色立体是用旋转直角坐标的方法,组成一个类似球体的立体模型,能直观的展示色彩的色相、明度和纯度的变化（图4-7）。色相环可以视为色立体的横截面图。按照色彩的多少,色相环可以分为12色色相环、24色色相环（图4-4）、36色色相环等,色立体和色相环对于研究色彩的标准化、科学化、系统化都具有重要价值。

（一）色调

色调也称色彩的调子,是将色相、明度与纯度综合在一起考虑的色彩性质,是色彩外观的重要特征与基本倾向,其中若某种因素起主导作用,就称某种色调。每个化妆设计都应有自己独到的色调,色调是构成色彩统一的主要因素。如果色调不明确,也就不存在色彩的和谐统一。

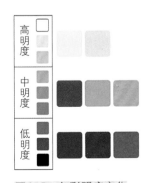

图4-5 色彩明度变化

图4-6 色彩纯度变化

图4-7 色立体

图4-8 红色与黄绿色调　　　　　　　　图4-9 亮色与暗色调

图4-10 鲜色与浊色调　　　　　　　　图4-11 暖色与冷色调

（1）从色彩色相上划分，有红色调、黄色调、橙色调等（图4-8）。

（2）从色彩明度上划分，有亮色调、暗色调、灰色调（图4-9）。

（3）从色彩纯度上划分，有鲜色调、浊色调（图4-10）。

（4）从色彩色性上划分，有暖色调、冷色调（图4-11）。

色调的运用需要一定的理论知识和实践经验，需要多学多练。在一般化妆中，我们要先确定一个主要色调，再使用其他的辅助色和点缀色共同作用，才能完成一个成功的彩妆妆容。

（二）同类色

同类色是指主色和与之相对比的色彩位于色相环上5°左右时所呈现的对比关系。它们的关系是趋近于单色变化的关系，在色相对比中极其微弱。如红色中有紫红、深红、玫瑰红、大红、朱红、橘红等色彩（图4-12），黄色中有深黄、土黄、中黄、橘黄、淡黄、柠檬黄等色彩。用这些色系进行化妆，色彩调和统一，又有微妙变化，给人温柔、雅致、安宁的心理感受。运用同类色系配色，是十分谨慎稳妥的做法，但有时会显单调。添加少许邻近色或对比色系，可以增加活跃感和对比感。

（三）邻近色

邻近色是指在色环中相邻的3～4色的对比，处于30°左右。也可以说在色相环中，取任何一色为指定色，那么凡是与此色相邻的色，都可以称为邻近色，也可称为类似色。如红色和黄色，绿色和蓝色（图4-13）。邻近色在化妆配色组合上视觉反差不大，具有柔和、稳定感，但其对比度小，易显呆板、无力。

（四）中差色

中差色是指色相环相距90°～120°的色彩对比，是介于色彩强弱之间的中等差别的对比。选择中差色的方法很简单，只要在色相环上划一个三角形，三角形的三个角所指的三个颜色即为中差色，如红—黄—蓝，橙—绿—紫（图4-14），中差色具有鲜艳、明快、热情、饱满的特点，是时尚化妆中运用较多的色彩搭配方法。

（五）对比色

对比色是指色相环中处于120°～150°的任何两色（图4-15）。这种对比方式各色相感鲜明，相互之间不能代替。特别是原色之间对比较强烈，若想缓和两色的对比效果，可将其中一色的纯度或明度做适当的调整，或者改变其中一色的面积大小以取得平衡。对比色在化妆配色应用上，具有活泼、明快的感觉，具有较强冲击力。

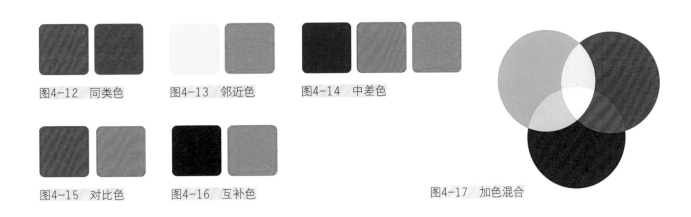

图4-12　同类色　　图4-13　邻近色　　图4-14　中差色

图4-15　对比色　　图4-16　互补色　　图4-17　加色混合

（六）互补色

位于色相环直径两端的色彩，即为互补色。也是一原色与另外两原色混合的间色之间的对比关系。两色距离正好处于180°的相对位置，是色彩中对比最强烈的颜色。如红色与绿色、蓝色与橙色、黄色与紫色都是强烈的互补色（图4-16）。互补色的运用可以造成最强烈的对比，最能传达强烈、个性的情感。但若搭配的不好，则容易产生炫目、喧闹的不协调感，此时可以在配色中加入中间色，使对比效果更富情趣，也可通过面积大小的调整处理好主次关系，或调入黑、白、灰增加共性，形成统一、和谐之感。

值得注意的是，作为一对补色虽是色相环中相对的180°，但它们更可以理解或扩展到一定区域中的冷暖对比。从色相环上看，划分冷暖的中轴线是带红味的橙色和带绿味的青色，那么暖色指的是黄色—黄橙色—红橙色—红色—红紫色—紫色；冷色是指紫色—青紫色—青色—青绿色—绿色—绿色—黄绿色—黄色。

三、色彩的混合及原理

在现实生活中，我们视觉感知的大部分色彩都不是纯色，而是由多种色彩混合形成的。所谓色彩混合，即用两种或多种颜色互相混合生成新色彩的方法。因为混合的形式不同，其又可分为加色混合、减色混合和中性混合三类。

（一）加色混合

加色混合是指色光的混合形式。当两种以上的光混合在一起时，明度提升。混合色的总亮度相当于参加混合各色明度之和，故称"加色混合"或"正混合"（图4-17）。

1666年牛顿通过三棱镜证明了白光是由七种色光构成的。1861年，英国的一位科学家马克斯威尔发现并论证了红、蓝、绿相加可以得到白光，并利用它们的相互叠加创造了世界上最早的彩色图像。该实验也佐证了红、蓝、绿相加可以混合出其他颜色的光混原理。所以，红、蓝、绿被称为色光的"三原色"。其特点是这三种色光不能用其他色光相混而生，而它们之间的相混却能得到任何色光。例如：红色光+绿色光=黄色光，绿色光+蓝色光=天蓝色光，蓝色光+红色光=品红色光。黄色、天蓝色、品红色光则称为"间色光"。间色光的明度提高了，纯度也提高。合理地对加色混合进行应用，可以营造出千变万化、美妙动人的色彩氛围。所以加色混合原理对于从事电脑设计、服装表演、橱窗展示、舞台美术等工作的人来说尤为重要。如在舞台的灯光设计中，就会经常运用到光色的混合以塑造舞台氛围和人物形象，在某些定妆照中，也可以合理利用摄影棚的灯光进行整体化妆造型的强化和弥补等。

（二）减色混合

减色混合是指色素的混合形式。所谓色素，即指颜料的有色成分能够有效地反射某些颜色的微粒。色素的混合会造成明度和纯度的降低，故称"减色混合"或"负混合"。减色混合有色料混合和叠色混合两种方式。

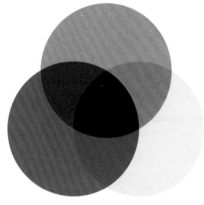

图4-18　减色混合（色料混合）

图4-19　叠色混合

1. 色料混合

指不同色彩颜料的混合，目的是产生新颜色。例如，各种广告色互混、油画色互混所形成的新色彩。在固定光源下，两种或多种色料的色彩相混后，相当于白光减去各种色料的吸收光，而剩余的反射光即成为混合后的新色彩。该色彩增加了对光的吸收力，而反射力却被极大地削弱。所以，色料在混合后，其明度、纯度均降低，而色相则会呈现新的面貌。参加混合的色料越多，吸光量越明显，其反射光就被弱化，直至显示出近乎灰黑的混浊色彩。

通常，色料的三原色是指品红、黄和蓝，亦称"第一次色"，当它们以不同的等量比例进行减色混合时，可获得所有的色彩。三原色中任意两色对等相混可显示出橙、绿、紫三种色彩，它们称为"间色"或"二次色"。使用一个原色或另外两个原色的混色（红与绿、黄与紫、蓝与橙）或两个间色相混而产生的色彩称为"复色"或"三次色"（图4-18）。复色中包含了全部原色的成分，只是各原色间的比例不等，其结果反映出丰富的红灰、黄灰、紫灰等含灰色彩。三原色的配置比例越接近，所表露出的颜色效果越显灰暗。由于在色彩实际应用时，许多颜色是市场上所没有的，因此，精通色料混色法就显得极其必要，对于化妆师和进行化妆操作的人来说，掌握这一原则并不断地在实践中进行练习尤为重要。

2. 叠色混合

指透明物体色彩之间相互重叠的混色方法，也称"透光混合"。其特点是，透明物体（如彩色玻璃等）相叠一次，可透过的光量即减少一些，随之展现的新色彩也就显得暗淡一些。并且，参加混色的透明物体越多，其减光效果越明显（图4-19）。所以，这种混合亦被纳入了减色混合的范畴。实践证明，被叠色混合的两个透明物体应该分清面与底的关系。因为面、底两个方面的色彩倾向不同，对重叠后的色彩效果所产生的影响亦各具特色。例如，重叠色明度相等时，混合后的色彩就偏重于面色；而面色的透明度大，混合出的色彩即偏重于底的颜色越多。否则反之。此外，在叠色的过程中，不同物体色相叠后，其纯度状态也会各尽其趣。例如，同类色重叠，相混出的色彩纯度增高；邻近色重叠，相混出的色彩纯度降低；而补色重叠，相混出的色彩纯度则会呈示灰黑色的感觉。在化妆色彩设计中，我们可以利用这一原理，如在半透明的珠片、各色眼镜片与妆面的结合中取得特殊的视觉效果。

（三）中性混合

中性混合是指基于人眼生理机能的限制而产生的视错觉色彩混合形式。这类色彩混合的明度状态因呈现出既不增加也不减少，而是接近于混合色各明度的平均值的效果，故被称为"中性混合"。中性混合包括空间混合与旋转混合两种。

1. 空间混合

即在一定距离内，人的眼睛能够把两种以上的并置色彩自动感应与同化为介乎二者明度之间新色彩的混合方法。就混合原理分析，空间混合与加色混合相近，不过，色料本身毕竟不是发光体，其明度和纯度显然较后者要低；空间混合与减色混合比较，明度不仅较高，而且不会丧失纯度，所以色彩效果也更加鲜亮明快。例如，大红色和湖蓝色并置会呈现出亮丽的紫色，而大红色与湖蓝色相混则会显示出深灰紫色，二者之间既有明暗又有纯度的区别。19世纪末，西方的点彩派画家们就是利用这一视觉混合原理，创作出了一幅幅富有色彩艺术特质和充满迷人光感的绘画作品（图4-20）。空间混合的色彩设计可以运用在一些创意化妆的造型中，营造出强烈的视觉艺术效果。

图4-20　空间混合

2. 旋转混合

即将几种颜色涂在特定的圆盘上，通过圆盘的快速转动来体现这几种色彩的混合效果。这种混合起来的色彩反射光快速地先后或同时刺激人的眼睛，而此时的人眼看到的色彩在高速旋转，从而分辨不出局部的色彩，而把它们感受为新融合成的色彩。如将一个圆盘的左半边涂上红色，右半边涂上蓝色，在高速旋转的过程中其呈现出的色彩为紫色（图4-21）。这种混色方法是由英国科学家费尔德于19世纪在寻找色彩调和规律时发明的。

图4-21　旋转混合

四、色彩的对比与调和

在化妆中，各种色彩的组合搭配都具有一定规律和法则，适宜的色彩会令妆容更富魅力。如何将化妆色彩运用得更加自如、极富美感，需要掌握色彩的对比与调和的方法。

（一）色彩对比

色彩对比是区分色彩差异性的重要手段，主要是指色相对比、明度对比、纯度对比、冷暖对比、面积对比。从色彩心理上看，强对比有刺激、兴奋、强烈、炫目、生硬等感觉；弱对比有柔和、细腻、微妙、模糊、混沌等感觉。在化妆中，无论是塑造演员角色，还是生活化妆中的美化形象，都离不开色彩的对比搭配。比如，表现脸部骨骼的凹凸，肌肉、皱纹

的起伏，眼窝的凹陷，泪囊的鼓起等状况时，为强调局部的突起经常会使用提亮色，而对其相邻凹陷部位的处理方法是加深暗影颜色，并可在阴影色中稍加些冷色，以加强后退之感。这里就巧妙地运用了色彩的冷暖、明暗等对比关系。

（1）色相对比。最常见的配色方法有同类色搭配、领近色搭配、对比色搭配、互补色搭配四种。在化妆中，色彩搭配组合的形式直接关系到形象整体风格的塑造。化妆时可以采用一组纯度较高的对比色组合，来表达热情奔放的热带风情，也可通过一组纯度较低的类似色组合，体现典雅质朴的格调。

（2）明度对比。明度对比是指各种色彩在素描关系上的明暗对比和同一色彩不同明暗层次的对比。塑造面部立体感、五官立体感就是通过明暗对比制造视错觉来塑造完美的妆容。妆色对比的强弱很大程度上取决于色彩明暗差别的程度。如在同一肤色上修饰明度深浅不同的眼妆和眉妆，比较色彩的感受，会发现当眼妆和眉妆与肤色差异大时，效果突出；相反，当眼妆和眉妆与肤色的明度差异小时，效果柔和。

（3）纯度对比。是指各类纯度强烈色彩与各类纯度

较弱色彩（含灰调的色彩）之间的对比。当一种颜色和另一种纯度较高的色彩并列时，会觉得本身纯度变低，而与另一种纯度较低的色彩并列时会觉得纯度变高，这种现象称为纯度对比。在化妆配色时，为了有意识地提高某种色彩的鲜艳度，可以借助于纯度对比的手段。在一种比较鲜艳的，也就是纯度比较高的色彩旁边，配以纯度较低的、模糊的含灰色彩，这样便可以获得生动、鲜明的效果。纯度高的色彩，在纯度低的色彩陪衬之下，将显得分外艳丽。比如，艳色口红与肤色形成强烈对比，有装饰感，可以增加整体妆容的美艳效果。

（4）面积对比。是指两个或多个色块的相对色域，这是一种大与小，多与少之间的对比。化妆中，面积对比是指不同色彩面积的控制与对比要有主次之分，色彩的地位是按其所占面积的大小决定的，占据的面积大，在配色中就起主导作用。占据的面积小，则是起陪衬与点缀的作用。将两个强弱不同的色彩放在一起，若要得到对比均衡的效果，必须通过调整面积大小来实现，弱色占大面积，强色占小面积。而色彩的强弱是以其明度和纯度来判断的。一些高纯度或低明度的化妆色彩通常以小面积的辅助色或点缀色出现，点缀色只要不超过一定的面积，是不会改变主体色彩形象的（图4-22）。

化妆中不同色彩的面积分布，无论用几种颜色来组合，首先要考虑选出主体色调。应避免等量、对称和凌乱。等量则无主次之分，对称则平淡无味，零乱则使人生厌。尤其是用补色或对比色时，无序状态就使主色调不存在了。色彩的分布要有大小、主次、轻重之分。当然，化妆配色有时出于某种目的，并不一定要分清主体色与点缀色。有时，各种颜色相混合也会产生良好的色彩效果。

（二）色彩调和

色彩的对比固然重要，但是一味地寻求对比会让色彩反差强烈，影响视觉的适应性，有时会适得其反。在一个妆面的所有色彩中，若色彩类似性过强、差异性过弱都会产生不和谐的效果，这时候就需要进行色彩的调和。化妆色彩的调和是类似性和差异性的高度统一，即统一中求变化，变化中求统一。对比与

图4-22　色面积对比

调和就是变化与统一，它们相互依存、互相制约。概括来说，色彩的对比是绝对的，调和是相对的，对比是目的，调和是手段。化妆整体效果中各种色彩的选择与搭配和谐，并具有美感，是化妆造型所要求的基本原则。从人的视觉生理条件上讲，色彩的调和可以概括为类似调和、对比调和与色彩强调。

1. 类似调和

类似调和是将色彩三属性中的某一种或两种属性做同一或近似的组合，用以寻求色彩的统一感，这是一种简单而便利的调色方法，其形式有二。

（1）同一调和。在色彩三属性中将其中某一种属性完全相同、使色彩的组合关系中含有一个方面的同一要素，变化其他两个要素，称之为单性同一调和。如同一明度，变化色相和纯度，同一色相，变化明度和纯度，同一纯度，变化明度和色相。同样，在三属性中将其中某两种属性完全相同，变化另一种要素称之为双性同一调和。

（2）近似调和。近似调和主要是指将一种或两种属性作为近似的对象，来调整其他的属性，以求得统一。包括：近似明度变化色相、纯度；近似色相变化明度和纯度；近似纯度变化明度和色相；近似明度、纯度变化色相；近似明度、色相变化纯度；近似色相、纯度变化明度。无论是哪种近似调和方法，都应本着统一中求变化，变化中有统一的原则（图4-23）。

2. 对比调和

对比调和的关键是如何建立秩序的调和，一般可以采用以下几种形式：

（1）在对比强烈的色彩中，加入相应的等差或

图4-23 类似调和　　　　　　　　图4-24 对比调和　　　　　　　　图4-25 色彩强调

差比序列色彩，使它在强烈的对比中具有统一的节奏与秩序，以此来减弱过于强烈色彩的刺激。

（2）在强烈的色彩对比混入相同的第三色，使对比的双方建立相同的因素来达到调和的目的。

（3）在强烈的对比下，调整各自色彩的面积比例以求得平衡感（图4-24）。

（4）在色相环中确立一对补色，将其中一色分解变化，如将橙色与蓝色这对补色中的蓝色分解为蓝绿色、蓝紫色，再与橙色进行搭配，则会协调不少，这也称之为"三角形调和"方法。

此外，还可以选择在色相环中划等腰三角形、等边三角形、四边形，取各自角上的颜色进行调和与对比搭配。而此类变化的核心都是基于补色是视觉平衡的基础这一原理。

3. 色彩强调

色彩强调是一种使某色从整体中凸显出来的手段，画面中部分色彩被强调出来就会在整体中凸显而形成画面视觉的核心和焦点（图4-25）。色彩强调在画面中要有面积、位置和与整体关系的具体要求。体现在化妆上则是强调整体视觉协调基础上的一种独立、突出的色彩运用。通常是使用高亮色、鲜艳色来加强、明确重点，引起观众的注意。如在很多彩妆产品广告中，模特脸上往往只突出眼影或口红的鲜艳色彩，以强调产品的优点，吸引观众的注意力。主要方法为：

（1）从面积上来说，强调色彩应选择妆容（脸部）中比较小的面积，才能形成视觉中心，引人注目。

（2）从位置上来说，强调色彩应选择妆容（脸部）视觉中心而不一定是妆容（脸部）绝对中心。因

为某一色一旦被强调出来，就会吸引人的视线形成视觉停留，强调色彩还应赋予妆面一定意义，使其成为化妆造型的趣味和意义的核心。

（3）强调色彩应选用与妆容（脸部）色调相对的对比色或反差大的色彩。这些对比可以是来自色相、明度或纯度。如在眼影的暖色调中加入小面积的冷色；在冷调子中强化一小块暖色；亮色调中凸显暗色；动感强烈的主调子中加入一小块面积静态的颜色等，都能形成色彩的强调。

（4）强调色彩的选用不等同于单纯的对比。准确地讲，它应是一种"轻度"的对比，是大体相同，小部分差异。要表现好的话，应使差异部分与整体不失联系，如在以红色为主色调的妆容下强调一块绿色，除了小面积和合理的位置外，用什么绿色很重要。朱红色与黄绿色搭配的效果就不错，可以在多次化妆实践中总结经验。

具体来看，在色彩化妆中，应多运用调和缓冲法，通过过渡衔接手法，使色彩之间柔和过渡，贯通统一；还有呼应协调均衡法，在五官的局部与局部、局部与脸形整体之间达到色彩呼应，显示出和谐统一之美感；而色彩强调处理能突出重点，增强妆容的表现力，使画面色彩效果生动有趣，主题突出。比如，一般生活化妆中都强调粉底颜色、五官装饰色应该与化妆对象肤色相匹配；晚宴化妆中，人物的肤色选择应该以年龄、性格、职业等众多因素为依据，还应与服装、灯光、背景、环境等其他因素共同参考，塑造优雅、动人的整体形象；而创意化妆中，则需要进行大胆尝试，突破常规，可以强调局部、突出重点、推陈出新。

第三节　色彩的视觉心理效应

从色光作用于人的感应方面来看，有它的直接性和自发性，不会因为书本附加它的某种解释而影响。如红色使人的血液循环加快，让人产生一种警觉性，这些与人有无文化并没有直接的关系。明度越高的色彩给人的刺激和感受越强，高明度的黄色非常刺激；大面积使用白色，会让人有炫目感，给人心理带来不适；蓝色、绿色会有一种沉静感和平衡感，这都表明了色彩直接性地作用于人，很多时候也在不知不觉中左右着人的行为。如红色、橙色可以引起食欲，橙红色的灯光会使肉食品看上去新鲜透明，而使用蓝绿色光照射肉食品，便会感到肉食品像发了霉一样恶心难看；红色的指示方向标识，会让人觉得稳定可靠，换成柠黄色，就会使人犹豫等。从这些现象的结果来看，色彩作为直接作用于人的心灵手段在化妆艺术表现中有着不可替代的作用和意义，我们有必要了解并把握它，以便在日常的化妆中灵活运用。

一、各种色彩的视觉特点

（一）红色

红色在光谱中波长最长，从780~610纳米，范围也是最大的。红色穿透力最强，它在人的视网膜后方成像，有一种扩张感和紧迫感。红色能使人联想起太阳、火花、鲜血、红葡萄酒、玫瑰等具体物，它具有热情、奔放、紧张、欢喜等抽象的感觉。一方面，红色作为刺激感官和充满热情的颜色，能使人们感觉到力量和动力；另一方面，红色象征着攻击性和愤怒，给人以幼稚、野蛮和卑俗的印象。饱和的红色给人以一种充实饱满的力量感，它生动而活跃，富有刺激性、热情奔放的性格。在化妆中，红色一般用于唇色和眼影色以表达情感（图4-26）。与此同时还有粉红、橘红、深红、玫红等常用色。粉红生动、活泼，最宜用作少女和新娘化妆，可以表现温馨而浪漫的效果；橘红热烈奔放、光芒四射，可以体现年轻人的青春活力；而深红、玫红色饱满、沉稳，适用于成熟女性的妆容色彩，体现高雅与端庄。

（二）橙色

橙色在色彩表现中非常活泼，它在光谱中的波长范围是610~590纳米。橙色使人们联想起太阳、火花、柿子、夕阳、橘子等具体事物，它具有温暖、光明、活力、友情、健康、愉快、温馨等抽象的感觉。橙色的视觉效果比红色弱，能使人联想到太阳、火焰，是彩色中最温暖的颜色。橙色是年轻人非常喜爱的色彩，能给人以热情奔放的印象（图4-27）。在化妆色彩中，金橙色和橙红色较常用，可以表现明亮、活泼、高贵的效果，橙色若与黄色、绿色搭配可以演绎出春意盎然的形象，表现浪漫、可爱的妆容；橙色与咖啡色搭配可以给人以成熟优雅的感觉。橙色若与蓝紫色搭配则效果强烈，可以运用于创意妆和时尚化妆中，体现夸张、大气的视觉效果。

（三）黄色

黄色在可见光谱中黄色的波长居中，为590~570纳米，在有彩色中其明度最高，人的视觉对它的感受能力最强。它具有好奇、轻盈、幸福、注意、轻率等抽象的感觉。一方面，黄色象征着光源和

图4-26　红色表情　　　　图4-27　橙色表情

能量，可以表现出明朗、生动的形象；另一方面，黄色给人以轻薄和苍白的印象，有一种与生俱来的扩张感和尖锐感。化妆中，主要用到的黄色有柠檬黄、橘黄、金黄等。黄色的妆容能体现时尚新锐之感，如黄色的眼影、黄色的唇彩（图4-28）。黄色一般和红色、橙色、绿色共同搭配，可表现喜庆、活泼、年轻的妆容；黄色如与紫色搭配，能表现强烈的视觉冲击力，制造夸张、怪诞、愉悦的妆容，体现独特的空间感和创意性。黄色具备多方面的表现价值，是一个让人感到愉快的色彩。

（四）绿色

绿色在可见光谱中位置居中，并且色相的范围相对广泛，从570～500纳米。绿色使人联想起草地、山峦、蔬菜等具体事物，具有沉着、健康、安定等抽象感觉。绿色象征着大自然，可以表现充满希望与和平的安详形象。同时也象征着年轻与生命，给人新鲜、新芽般嫩绿的感觉。化妆色彩中的绿色系包括苹果绿、橄榄绿、深绿、墨绿等。绿色的妆容能表现出强烈的自然亲和力，多用来塑造健康的形象，并可以体现出环保、生态的创意造型（图4-29）。多数时候绿色与黄色一起搭配，能塑造出清爽、活泼、动感的妆容；绿色与蓝色进行搭配时，可以营造出冷峻、成熟、知性的妆容；若与适宜的红色搭配，可以凸显对比色的强烈冲击力，制造出创意与经典的造型。

（五）蓝色（青色）

在可见光谱中，蓝色的波长比较短，在视网膜成像的角度也较浅，有一种远离观察者的收缩感。蓝色会使人联想起大海、蓝天等具体实物，具有宁静、寂静、神秘、永恒等抽象的感觉。一方面，蓝色像大海和天空，宁静而神秘，有着年轻、理智和希望的感觉；另一方面，蓝色属于冷色系范畴，有时也象征着冷静、忧郁、孤独等感觉。化妆色彩中的蓝色系包括浅蓝、天蓝、湖蓝、深蓝等。广泛地在浅蓝、深蓝等各种明度和纯度的蓝色中寻求变化，能使妆容立体有层次（图4-30）。蓝色和白色搭配，能体现清新自然又时尚的效果，蓝色一般和绿色、紫色等邻近色的搭配，能体现自然和谐效果。若与其对比色如橙色搭配，则能显示出互补强烈的视觉效果，新颖独特。

（六）紫色

在可见光谱中，紫色的光波短，且振幅较宽，人的视觉度比较低，近于非知觉性色彩。因此，它的性格具有一种与生俱来的神秘感。紫色使人联想起葡萄、薰衣草等具体事物。一方面，紫色给人带来神秘、优雅、华丽、高尚等感觉；另一方面，紫色又给人以孤独、悲伤、消沉的感觉。此外，紫色还能表现出敏锐的艺术感。化妆中的紫色系多见于淡紫色、紫红色、紫罗兰、蓝紫色等。无论何种紫色都可以说是女性的专属妆容色彩，如淡紫色、粉紫色可以体现少女的梦幻与纯真；紫罗兰色彩强烈，能凸显女性神秘、唯美的气质，最适合晚宴、约会妆（图4-31）；蓝紫色、深紫色高贵、大气，运用在成熟和知性女性的妆容色彩中最适合不过。紫色还可以与相邻的红色、蓝色等搭配，和谐自然，与对比的黄、绿色搭

图4-28　黄色表情

图4-29　绿色表情

图4-30　蓝色表情

图4-31　紫色表情

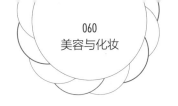

配，则能体现出华丽、强烈的视觉冲击力。

（七）棕色

棕色虽然不属于太阳光分解成的色彩之列，不属于原色和间色，但是棕色在化妆色彩中却很常用，如用作底妆的暗影、鼻侧影、眉毛和眼影的色彩等，棕色很容易使人联想起土壤、大地、陶器、枫叶、庄稼等具体事物，给人带来朴素、保守和沉着的感觉。棕色作为表现民俗传统和沉稳安定感的载体，象征着硕果累累的秋天。化妆色彩中的棕色系包括咖啡色、赭石色、褐色等，这些颜色给人以成熟、安定感和精明干练的形象（图4-32）。棕色可以与任何色彩进行搭配组合，如有彩色中的红、黄、蓝、绿等，都能将这些颜色的色彩感发挥得更出色。若与黑、白等无彩色系搭配，又能显现出现代、端庄、成熟之感；更多时候棕色是与其同色系的黄色、橙色等一同搭配，修饰肤色、脸形和五官。成熟女性可用各种层次的棕色搭配进行化妆，能凸显其精明、干练、成熟、优雅的特点。

（八）白色

在色光混合中，最终混合的结果是白色光。这表明了白色光中含光谱中所有的色彩。从这个意义上讲，白色应称为全彩色。因此，它的这种性质使得它与任何色彩混合都能和谐。白色使人联想到婚纱、雪花、医院等具体事物，给人带来纯净、高贵、神圣、洁白等感觉。白色的性格中也有其另外一面，有空虚、缥缈和妥协等贬义的味道，如投降、破产等。有时，白色还能引发人们的孤独感。正是由于白色性格感受的多样性，造成了它在艺术中多方面的表现价值。在化妆领域，白色的使用范围最广。在阴影妆中，它是最基础的颜色，可塑造出整体富有立体感的面部妆容；在新娘妆和梦幻妆中，白色在眼影、睫毛、局部唇色中使用（图4-33），搭配上白色婚纱、头纱饰品等，可以体现浪漫、纯净、空灵的效果，白色与红色、黑色是经典搭配，更可演绎出复古与时尚，刚柔并济的效果。

（九）黑色

在颜料混合中将红、黄、蓝三原色相加，就会产生黑灰色，将所有颜料色混合起来的最终色彩也是黑色。因此，黑色既可以称为无彩色，也可以称为全彩色。黑色从理论上讲即无光，只要物体的反光能力低到一定程度，就会呈现出黑色。与白色相比，黑色更趋向于沉默的永恒，黑色使人联想起黑玫瑰、木炭、丧服等具体事物。作为夜的代名词，黑色给人带来黑暗、不安、恐惧、死亡等抽象的感觉。但是黑色的表情中也有其高雅、包容和大气的一面，如用黑色衬托其他有彩色，都能将这些颜色完全显露，绽放异彩，黑色也是西方晚礼服中最隆重和贵重的颜色。在化妆领域，如果要想塑造高雅、经典的形象都必须用到黑色，如黑色的眼线、浓密的黑睫毛、黑色烟熏妆等都是现代化妆中不可缺少的用色。黑色与白色的搭配更是亘古不变的经典，用得好可让妆容惊艳脱俗，时尚大气（图4-34）。

（十）灰色

灰色是黑色与白色的混合，也可以由色相环中180°两端的互补色调配而成，按其明度的不同可以有多种灰度色阶。灰色不显眼，但却重要，有灰才有纯、有鲜才有浊，灰色在与有彩色对比中能把所有与其对比的色推向鲜艳，使很多低纯度的色彩表现得色相感鲜明。看到灰色我们能想到乌云、灰尘、地板，但由于灰色没有色相感，所以总给我们无生命力、柔和、平凡、中庸、消极、乏味的感觉。但是灰色如用得好，能带给我们高雅、精致、含蓄、不外露和耐人寻味的印象，如美术中的色彩画中就有"高级灰"一说，即初看上去画面都是灰调，但是细看会发现，原来在这灰调里有着许多的色彩，若隐若现，不艳丽，不俗气，低调而婉约。化妆中的灰色系包括灰色、浅棕色，以及许多饱和度不高的有彩色，如灰蓝、灰绿。化妆中的灰色主要用来修饰轮廓、五官，也可以用来衬托明亮鲜艳的颜色，在体现优雅、中性的化妆中经常用到（图4-35）。

图4-32　棕色表情

图4-33　白色表情

图4-34　黑色表情

图4-35　灰色表情

二、色彩的联想与象征

　　色彩的联想是指人们看到某种颜色会想到其他的事物或者概念，也是颜色带给人的不同心理感觉，这种感觉会因为不同人的年龄、性别、性格、环境、种族、职业等因素的差别导致不同的体会。色彩的联想可分为两大类，一是具象的联想；一是抽象的联想。所谓具象的联想，是指看到色彩联想到具体的事物，如看红色联想到血、火焰、消防车等，看到绿色想到树木、草坪、绿色蔬菜等，看到黄色联想到柠檬、黄花、黄袍等具体的事物。抽象的联想是指由看到色彩直接地联想到抽象的词汇，如看到红色联想到热情、生命、奔放、警惕等，看到绿色多让人联想到青春、希望、和平，看到黄色联想到酸味、闪烁、权力、辉煌等，这也就成了色彩的象征，它赋予了同一色彩相同的色彩象征意义（如表4-1）。一般来说，幼年时所联想的以具体事物为多，随着年龄的增长及受教育程度的提高，抽象的联想有增长的趋势，它

表4-1　色彩的联想简表

色相	具象联想	抽象联想
红色	火、血、夕阳、苹果、红旗	热情、喜庆、危险、敬畏
橙色	橘子、晚霞、秋叶、太阳	温暖、华丽、冲动、背叛
黄色	香蕉、黄金、黄菊、向日葵	明快、活泼、嫉妒、藐视
绿色	树叶、草坪、森林、蔬菜	新鲜、安全、希望、轻松
蓝色	水、海洋、冰川、蓝天	沉静、理智、真理、冷酷
紫色	葡萄、茄子、紫罗兰、紫云英	高贵、梦幻、神秘、悲凉
褐色	木头、咖啡、巧克力、土地	自然、朴素、沉稳、失望
白色	白雪、白云、棉花糖、婚纱	纯洁、神圣、无私、脱俗
黑色	黑夜、头发、墨汁、煤炭	永恒、严肃、恐怖、孤独
灰色	水泥、阴天、沙石、钢铁	优雅、谦逊、平凡、消极

属于比较感性的思维，偏向心理的感觉效果。具体联想与抽象联想的交互作用相辅相成，在化妆造型中更应发挥妆色的联想作用，使其包含的情感力量得到完美展现，丰富色彩造型的空间。

三、色彩的心理效应

人们看到色彩时，除了直接受到色彩的视觉刺激外，在思维方面也可产生对生活经验、环境事物的联想，如色彩的冷暖、轻重、华丽、朴实等，从而影响人们的心理情绪，这种反应称为色彩的心理效应。色彩的心理效应也受个人的喜好、学识、年龄等方面的影响而有所差异，但大部分人对同一类颜色会得到许多共同的感受。

（一）色彩的冷暖感

色彩本身并无温度，所谓色彩的冷暖感是指人们对不同颜色的视觉心理效应，红、橙、黄等色彩的光波较长，又是近似太阳与火焰的颜色，所以当人们看到这类颜色时，就会联想到火的燃烧、热血、红花等。因此，往往在心理上产生一种温暖的感觉；而蓝、青色的光波较短，让人们联想到冰天雪地、海洋、天空，所以给人以寒冷的感觉（图4-36）。由于绿色、紫色是由一个冷色和一个暖色混合而成的二次色，所以应属于中性色。

颜色的冷暖是相对的。例如紫色、绿色等，与暖色的橘红相对照时属于冷色；而与冷色的蓝、青并列时又属于较暖的颜色。在同一色相中，由于纯度、明度及光照的不同，也会形成一定的冷暖差异。

（二）色彩的前进与后退感（膨胀与收缩感）

同一背景、面积相同的物体，由于其色彩的不同，有些给人以凸出向前的感觉，有的则给人以凹进深远的感觉，这就是色彩的膨胀与收缩感，其形成的原因与各种色相的波长有别，暖色波长较长，冷色波长较短。但这种区别是微小的，而眼睛中的晶状体将光线加以折射放大、分解，因而造成

视网膜成像时，具有长波长的暖色，如红色、橙黄色在视网膜后方成像，而短波长的冷色在视网膜的前方成像，所以造成了暖色（也包括高明度、高纯度色彩）有迫近感，冷色（也包括低明度、低纯度色彩）有后退感。而具有前进感的色彩一般会体现膨胀感，而后退感的色彩会体现出收缩感（图4-37）。在化妆过程中可以巧妙利用此错觉来修正和弥补缺陷。

（三）色彩的轻重感

色彩能使人看起来有轻重感，色彩轻与重的感受与色相无关，无论红、橙、蓝、绿什么样的色相都可以轻或者重。轻与重主要来源于色彩的明度变化。暖色系、明度高的色彩给人的感觉轻，冷色系、明度低的色彩给人的感觉重，任何色彩都可以通过提高明度而变为轻色，反之则变为重色（图4-38）。

（四）色彩的软硬感

暖色系、高明度、低纯度的色彩给人以软的感觉，冷色系、低明度、高纯度的色彩给人以硬的感觉。另外，在无彩色的黑、白、灰色中，黑、白给人的感觉硬，灰色、暖色给人的感觉相对来说软些（图4-39）。

（五）色彩的兴奋与沉静感

兴奋色与沉静色的比较，大体上可以说是积极色与消极色的比较，它们受色相因素的影响较大。同时，也受一定明度和纯度的影响。暖色系、纯度高的色彩组合具有兴奋感，冷色系、纯度低的色彩组合具有沉静感（图4-40）。

（六）色彩的华丽与朴实感

华丽色与朴实色的变化规律与色彩的色相关系不大，主要在于色彩明度和纯度的变化。明度高，纯度也高的色彩华丽，明度低，纯度也低的色彩朴实（图4-41）。值得注意的是，这些对比都是建立在相对的概念中，如将一个"华丽"色放在比其更华丽的色中，它即变化为朴实色了。

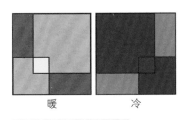

暖　　　　冷

图4-36　色彩的冷暖感

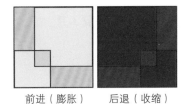

前进（膨胀）　后退（收缩）

图4-37　色彩的前进与后退感

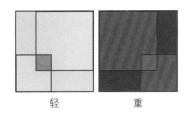

轻　　　　重

图4-38　色彩的轻重感

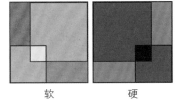

软　　　　硬

图4-39　色彩的软硬感

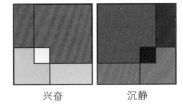

兴奋　　　沉静

图4-40　色彩的兴奋与沉静感

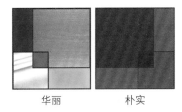

华丽　　　朴实

图4-41　色彩的华丽与朴实感

（七）色彩的通感

在色彩心理的表现领域中，还有很多表现情感和对主观、客观世界感受的色彩组合，称之为色彩的通感。包括色彩音感、味觉感、情绪感等，如激昂、忧郁、酸、甜、苦、辣、喜、怒、哀、乐等。这些色彩的表现因素和能力，源于复杂性心理效应中的色彩嗜好和色彩象征的内容。

就色彩的味觉感来说，这种味觉感大多是由人们生活中所接触过的事物联想而来。在过去的经验中，所食用过的食物、蔬菜等色彩，对味觉形成了一种概念性的反应。因此，人们对于食物，往往会先以它拥有的外表色彩来判断它的酸、甜、苦、辣、涩等（图4-42）。

（1）酸。使人们联想到未成熟的果实，因此酸色即以黄绿色为主。从果实的成熟过程中的颜色变化情况进行理解，黄、橙黄、绿等色彩都带有些微酸味的感觉。

（2）甜。暖色中的朱红色、橙色最能体现甜的味道感，明度、彩度较高的色彩也有此感觉，如粉红色、奶黄色的冰淇淋色彩就具有甜味感。

（3）苦。以低明度，低彩度带灰色的浊色为主，如灰、黑褐等色，这些色容易让人联想到中药、咖啡

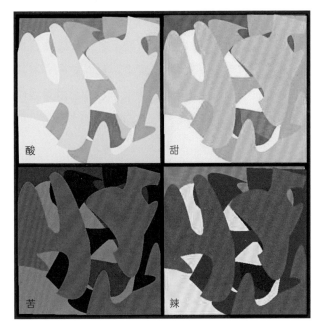

图4-42　色彩的味觉感

的苦涩。

（4）辣。由红辣椒及其他刺激性的食品联想到辣味。因此，辣味是以红、黄色系为主，其他如绿色、黄绿的芥菜色也是辣味感的色调。

（5）涩。从未成熟的果子得到了涩味的联想，所以带浊色的灰绿、蓝绿、土黄等色能给人以涩味感。

第四节　美容化妆用色分析与技巧

一、选择适合自己的色彩

就像自然界的一切生物都有自己的颜色一样，我们的身体也是有颜色的，决定我们体内与生俱来的色彩是由核黄素（呈现黄色）、血色素（呈现红色）、黑色素（呈现茶褐色）构成。核黄素和血色素决定了一个人肤色的冷暖，而肤色的深浅明暗是黑色素在发生作用。我们的眼珠色、毛发色等身体色特征也都是这三种色素的组合而呈现出来的结果。在看似相同的外表下，我们每个人之间在色彩属性上是有差别的。即使晒黑了，脸上长了些瑕疵，或者皮肤随着年龄的变化逐渐衰老，我们每一个人都不会跳出既定的"色彩属性"，化妆色彩必须跟我们的人体色彩相协调。

（一）三基色理论

在分析个人色彩的过程中，首先是要判断出皮肤的基本色调。基本色调可大致分为肤色泛蓝的蓝色基调、肤色发黄的黄色基调以及介于两者中间的中间色调三种，所以称为"三基色理论"。

1. 肤色

我们的皮肤中含有黑色素、血红素、胡萝卜素等，这些元素含量和血液流通状态都会影响肤色的变化。其中黑色素的影响最大，黑色素呈黑褐色，一旦皮肤表皮层的黑色素增加，肤色会偏向茶色或褐色；如果血红素中的血红蛋白较多，肤色会变得红润，如果血红蛋白量少则会显得苍白；如果胡萝卜素增多，皮肤的颜色会偏黄；而当紧张或兴奋时，血液流通加快，肤色（脸色）会变红，若血液流通不畅时，肤色则会变暗紫或发青。

黄种人的肤色从颜色深浅看可分为浅肤色、中肤色和深肤色。从色调看可分偏白色、偏红色、偏黄色、偏黑色四种类型。没化妆时面部肤色是不均匀的，这是由于皮肤上各个部位的色素分布不均匀，造成脸部各部位的皮肤色调有深浅、冷暖的变化。化妆前，需观察化妆对象脸颊、额部、颈部的自然肤色以对妆色做出准确选择。

黄色基调肤色属暖色系，这类肤色是带有金橙色气韵的健康型肤色。蓝色基调肤色属冷色系，带有蓝色气韵，缺少红润感。中色调肤色是处在蓝色基调和黄色基调当中的中间基调的自然色系（图4-43）。

2. 毛发色

毛发会因为人种的不同而有所差别。不仅如此，即便在同一人种中，头发也会因为黑色素的多少而呈现出不同的颜色。黑色素不仅对头发有着色的功能，还可以避免头皮因过度的紫外线照射而受伤。一般来说，人的头发一个月可以长1.5~2厘米。对于东方人而言，发色的分类比肤色简单，可分为黑色、棕色、灰色三种类型（图4-44）。

黄色基调人种的发色包括黄色、橙色和棕色，而蓝色基调人种基本是发质坚韧、光亮的黑发，中色调肤色人的发色介于黑色和褐色之间。

图4-43　肤色的基调（暖色基调、冷色基调、中间色调）

图4-44　发色的种类（黑色、棕色、灰色）

3. 瞳孔色

瞳孔的颜色指的是虹膜的颜色。虹膜也含有很多黑色素，当眼珠进行舒缓收缩运动时，瞳孔的大小就跟着发生变化，到达视网膜的光的数量也随之变化。白色人种的瞳孔呈青色、灰色等，而东方人的瞳孔基本上呈现黑色、深棕色或者褐色（图4-45）。当今流行的隐形眼镜、美瞳等都可以改变个人瞳孔的颜色。

此外，色彩的对比度也会影响人体肤色的视觉效果，对比度主要取决于肤色和发色的明度差异。一般来说，肤色越明亮，发色越黑，色彩的明度差就越大，而对比度也就越高，如眼睛大的人和眉毛浓的人对比度就略为大一些。换言之，肤色、发色和发质、眼睛等特点是决定对比度的重要因素。根据对比度的高低，继而可以判断出个人色彩。

（二）四季色彩理论

"四季色彩理论"由色彩第一夫人美国的卡洛尔·杰克逊女人始创，并迅速风靡欧美，后由佐藤泰子女士引入日本，研制成适合亚洲人的颜色体系。1998年，该体系由于西蔓女士引入中国，并针对中国人色彩特征进行了相应的改造。"四季色彩理论"给世界各国女性的着装和形象设计带来巨大的影响，同时也引发了各行各业在色彩应用技术方面的巨大进步。"四季色彩理论"的重要内容就是把生活中个人的常用色按基调的不同进行冷暖划分，进而形成四大组自成和谐关系的色彩群（图4-46）。由于每一色群的颜色刚好与大自然四季的色彩特征相吻合，因此，便把这四组色群分别命名为"春""秋"（为暖色系）和"夏""冬"（为冷色系）（图4-47）。这个理论体系对于人的肤色、发色和眼珠色等色彩属性进行了科学分析，总结出冷、暖色系的人的身体色特征，并按明暗（明度）和强弱（纯度）程序把人区分为四大类型，为人们分别找到和谐对应的"春、夏、秋、冬"四组装扮色彩。

1. 春季型人特征及色彩选择

色彩诊断：春季型人与大自然的春天有着完美和谐的统一感。她们往往有着明亮的眼眸与光滑细嫩的皮肤，神情充满朝气，给人以年轻活泼的感觉。在高明度色彩中，从中纯度到高纯度之间的各种色相对比都会使其显得可爱俏丽。春季型人皮肤细腻而有透明感，脸颊呈现珊瑚粉色或桃粉色；眼睛像玻璃球一样奕奕闪光，眼珠呈现亮茶色、黄玉色，眼白呈现湖蓝色，瞳孔为棕色；头发是明亮如绢的茶色或柔和的棕

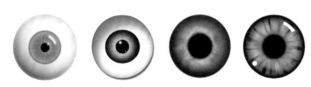

图4-45 瞳孔的色彩（青色、绿色、深棕色、蓝灰色）

图4-46 春夏秋冬四季色彩特征

图4-47 春夏秋冬四季色彩群

黄色，发质柔软（图4-48）。

适合的色彩：春季型人的色彩基调属于暖色系中的明亮色调，如同初春的田野，微微泛黄。亮黄绿色、银杏色、橙红色、炫金色等色系都可以作为主要用色，突出轻盈朝气的柔美感。春季型人使用范围最广的颜色是黄色，选择红色时，以杏红、橙红、砖红为主（图4-49）。对春季型人来说，黑色是最不适合的颜色，过深过重的颜色会与春季型人白色的肌肤、飘逸的黄发出现不和谐音，会使春季型人看上去显得暗淡。

2. 夏季型人特征及色彩选择

色彩诊断：夏季型人给人温婉飘逸，温柔而亲切的感觉，夏季型人适合在自己的季型中选择相同色或相邻色系进行组合搭配，这样看上去会更加柔美。夏季型人的皮肤呈现泛青的米白色、带蓝调的驼色或小麦色，脸颊白里透粉；眼神柔和，稳重，眼珠呈玫瑰棕色或深棕色、眼白呈现柔白色，瞳孔为焦茶色；头发为柔软的黑发，还有柔和的棕色或深棕色。夏季型人拥有健康的肤色，水粉色的红晕，浅玫瑰色的嘴唇，柔软的黑发，给人以柔和优雅的整体印象（图4-50）。

适合的色彩：夏季型人适合深浅不同的各种粉色、蓝色和紫色以及有朦胧感的色调。在色彩搭配上，最好避免反差大的色调，适合在同一色相里进行浓淡搭配。夏季型人特别适合以蓝色为底调的柔和淡雅的颜色，这样能衬托出她们温柔、恬静的个性（图4-51）。夏季型人不适合黑色和藏蓝色，过深的颜色会破坏夏季型人的柔美，可用一些暗桃红、蓝紫色、深玫瑰色以代替黑色。夏季型人穿着灰色会非常高雅，但注意应选择浅至中度的灰。

3. 秋季型人特征及色彩选择

色彩诊断：秋季型人是四季型人中最成熟而华贵的代表。秋季型人的色彩基调属于暖色系中的沉稳色调。浓郁而华丽的色彩能衬托出秋季型人成熟高贵的气质，越浑厚的颜色越能衬托秋季型人陶瓷般的肤色。秋季型人皮肤是金橘色、暗驼色、瓷器般的象牙色，脸颊为黄橙色；眼神沉稳，眼珠呈现出暗棕色、焦茶色，眼白呈现湖蓝色，瞳孔中有绿色；头发是有

光泽的金红色、铜色、巧克力色或炭褐色、棕色。秋季型人用与自身特征相平衡的深沉而稳重的颜色才能尽显高贵、优雅，充分体现都市女性的气质（图4-52）。

适合的色彩：秋季型人较适合棕色、褐色、金色和苔绿色，这都是秋季型人的最佳代表色，可将她们的自信与高雅的气质烘托到极致。秋季型人不太适合强烈的对比色，只有在相同的色相或相邻色相的浓淡搭配中才能突出华丽感。若选择红色，一定要选择砖红色和与棕红色等相近的颜色（图4-53）。总之，颜色要温暖、浓郁。秋季型人穿黑色会显得皮肤发黄，可用深咖啡色来代替。

4. 冬季型人特征及色彩选择

色彩诊断：冬季型人有着天生的黑头发，锐利有神的黑眼睛，冷调的几乎看不到红晕的肤色，这几大特点构成冬季型人的主要标志。雪花飘飞的日子，冬季型人更易装扮出冰清玉洁的美感。冬季型人的皮肤非常白或稍有些发暗，稍带青色的驼色、橄榄色，脸颊呈玫瑰色；眼睛黑白分明、有力度，眼珠呈现黑色、深棕色，眼白呈现冷白色，瞳孔为深黑色、焦茶色；头发乌黑发亮银灰，深酒红色。冬季型人最适合用对比鲜明、纯正、饱和的颜色来装扮自己，由此显示出与众不同的风采。冬季型人的黑头发与白皮肤、黑眼珠与眼白对比鲜明，能给人深刻印象（图4-54）。因此，只有无彩色系列以及大胆热烈的纯色系才较适合冬季型人。

适合的色彩：冬季型色彩基调体现的是"冰"色，即塑造冷艳的美感。原汁原味的原色，如红、宝蓝、黑、白、灰等为主色，天空蓝、亮粉、淡紫等皆可作为配色点缀其间。冬季型人只有对比搭配，才能显得惊艳脱俗。冬季型人最适合颜色鲜明、光泽度高的纯色，在各国国旗上使用的颜色都是冬季型人最适合的色彩。选择红色时，可选亮玫红、樱桃红和纯正的大红色（图4-55）。在四季颜色中，只有冬季型人最适合使用黑、纯白、灰这三种颜色，藏蓝色也是冬季型人的最佳用色，但在选择深重颜色的时候一定要有对比色出现。

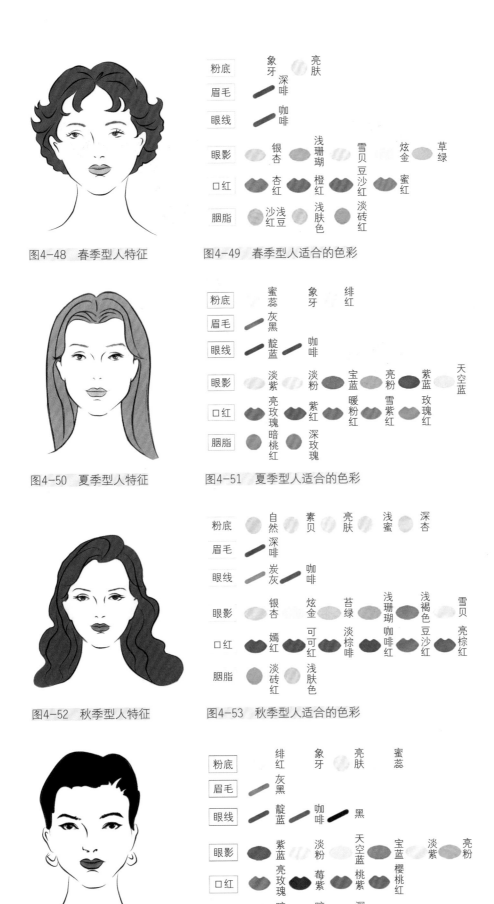

粉底		象牙		亮肤					
眉毛		深啡							
眼线		咖啡							
眼影		银杏		浅珊瑚		雪贝豆沙红		炫金	草绿
口红		杏红		橙红		蜜红			
胭脂		沙浅豆		浅肤色		淡砖红			

图4-48　春季型人特征　　　　图4-49　春季型人适合的色彩

粉底		蜜蕊		象牙		绯红			
眉毛		灰黑							
眼线		靛蓝		咖啡					
眼影		淡紫		淡粉		宝蓝		亮粉	紫蓝　天空蓝
口红		亮玫瑰		紫红		暖粉红		雪紫红	玫瑰红
胭脂		暗桃红		深玫瑰					

图4-50　夏季型人特征　　　　图4-51　夏季型人适合的色彩

粉底		自然		素贝		亮肤		浅蜜	深杏
眉毛		深啡							
眼线		炭灰		咖啡					
眼影		银杏		炫金		苔绿		浅珊瑚	浅褐色　雪贝
口红		嫣红		可可红		淡棕啡		咖啡红	豆沙红　亮棕红
胭脂		淡砖红		浅肤色					

图4-52　秋季型人特征　　　　图4-53　秋季型人适合的色彩

粉底		绯红		象牙		亮肤		蜜蕊	
眉毛		灰黑							
眼线		靛蓝		咖啡		黑			
眼影		紫蓝		淡粉		天空蓝		宝蓝	淡紫　亮粉
口红		亮玫瑰		莓紫		桃紫		樱桃红	
胭脂		暗桃红		暗紫红		深玫瑰			

图4-54　冬季型人特征　　　　图4-55　冬季型人适合的色彩

图4-56　淡妆眼影妆面效果　　　　图4-58　不同的眼线色彩

图4-57　浓妆眼影妆面效果　　　　图4-59　不同的眉毛色彩

二、常用妆面色彩搭配技巧

妆面色彩主要是指脸部五官和局部色彩的搭配，常常要根据不同的人物、时间和环境等做出选择，下面介绍几种主要部位的妆面搭配效果。

（一）眼影色与妆面色的搭配

1. 淡妆眼影色及妆面效果

淡妆眼影色柔和自然，搭配简洁，要根据个人的喜好、年龄、职业、季节与眼睛的条件来选择（图4-56）。例如，浅蓝色与白色相搭配，眼睛显得清澈透明；浅棕色与白色搭配，妆面显得冷静、朴素；浅灰色与白色搭配，妆面给人以理智、严肃的印象；粉红色与白色搭配则充满了青春活力。

2. 浓妆眼影色及妆面效果

浓妆眼影色对比强烈、夸张，色彩艳丽、跳跃，搭配效果醒目，面部的立体感强（图4-57）。要根据不同的妆型和环境选择相应的眼影色。例如，紫色与白色搭配，妆型冷艳，具有神秘感；蓝色与白色搭配，妆型高雅、亮丽；橙色与白色搭配，显示女性温柔；绿色与黄色搭配，给人以青春、浪漫的印象。

（二）眼线色与妆面色的搭配

眼线的颜色有很多种，选择眼线要根据发色和眼珠色来定。一般说来，眼线的色彩应比眼影的色彩更深重，深棕、深灰色眼线都比较适合东方女性，皮肤白皙的人可以使用浅咖啡色的眼线，而想要成熟的妆容或想制造浓妆效果，就必须选择黑色的眼线了。此外最新流行的白色眼线、荧光色眼线、深蓝色眼线等，都是进行创意化妆和晚宴化妆的最佳选择（图4-58）。

（三）眉毛色与妆面色的搭配

通常来讲，眉毛色彩应该比头发颜色浅，所以可以选择比自己头发浅一度的眉色进行眉毛的描绘，这样才能使人为修整的痕迹不太明显。具体来说，浓密黑发和黑眼睛者，适合选用深棕色或灰黑色的眉色；而深棕色头发的人可以选择浅棕色和咖啡色的眉色。亚洲女性因其头发较黑，适合各类棕色系的眉色（图4-59）。

（四）腮红色与妆面色的搭配

1. 淡妆腮红色

日妆腮红色宜选择粉红色、浅棕红色、浅橙红色等比较浅淡的颜色，选色时要与眼影及妆面其他色彩

图4-60 淡妆腮红妆面效果　　图4-61 浓妆腮红妆面效果　　图4-62 不同唇色与妆面效果

相协调（图4-60）。

2. 浓妆腮红色

棕红色、玫瑰红等较重的颜色适用于浓妆（图4-61）。但腮红色与眼影色和唇色相比，其纯度与明度都应适当减弱，从而使妆面更有层次感。

（五）唇膏色与妆面色的搭配

（1）棕红色。色彩朴实，使妆面显得稳重、含蓄、成熟，适用于年龄较大的女性。

（2）豆沙红。色彩含蓄、典雅、轻松自然，使妆面显得柔和，适用于较成熟的女性。

（3）橙色。色彩热情，富有青春活力，妆面效果给人以热情、奔放的印象，适用于青春气息浓郁的女性。

（4）粉红。色彩娇媚、柔和，使妆面显得清新可爱，适用于肤色较白的青春少女。

（5）玫瑰红。色彩高雅、艳丽，妆面效果醒目，适用于晚宴妆及新娘妆。

唇膏色在选择颜色时，除了考虑以上因素外，还要考虑场合的因素，如时装发布会、化妆比赛、发型展示会、化装舞会等（图4-62）。

三、化妆色彩协调性的要求

色彩搭配不仅要考虑到化妆产品的色彩，还要考虑各种色彩间的相融性，兼顾整个妆容与个人气质、年龄、服饰及周围环境相协调的问题。

（一）化妆色彩与个人的气质协调

化妆色彩与个人肤质相统一，只是做到了表象的协调。化妆时还要特别注意个人气质，只有做到形神兼备，才算真正的完美。人的气质特点各不相同，有人是清纯可爱型，有人是高雅秀丽型，也有人是浓艳妖媚型等。色彩也有它所代表的特点，如清纯可爱型者应选择粉色系列的化妆色彩，忌浓妆和强烈的色彩；高雅秀丽型者可选择玫瑰或紫红色系的色彩，眼影尽量不用对比强烈的颜色，以咖啡色、深灰色最合适；浓艳妖媚型者可选用热情的大红色，眼影可采用强烈的对比色，可用深绿或深蓝色作为眼部化妆时的强调色（图4-63）。

（二）化妆色彩与服饰色彩的协调

化妆色彩与服饰色彩要协调一致，风格统一，因此要掌握一些基本的搭配方式。

（1）着浅色如粉色系列的服装，在化妆时色彩应该素雅，与服装的颜色一致。

（2）着深色单一色彩的服装，可选择临近或对比色系的彩妆来搭配。比如着绿色或蓝色服装，可选择对比色系的红色、橙色来搭配。

（3）着黑、灰、白颜色的服装时，可选择或鲜艳，或深、无荧光的彩妆来搭配。

（4）着红色系有花纹图案的服装时，可选择图案中的主要色彩或同色系但深浅不同的色彩来搭配。

（5）着有花纹图案的服装，其中主要色彩是蓝、绿色系时，化妆色彩可采用对比或相邻的同色系色彩来搭配。

（6）眼部化妆的色调，可选用与服装相同的颜色或对比色来搭配（图4-64）。

（三）化妆色彩与季节的协调

大自然一年四季，景色各异，每个季节有不同的亮度、空气湿度和温度。尤其是随着季节的变化，大自然中各种景色的变换更是极大的影响着人们的生活。下面就不同季节化妆时所需要注意的事项进行概述。

随着早春的阳光洒满大地，春日气息日渐变浓，在穿上活力奔放的春装的同时，脸色也应相得益彰。因此春天的基本基调应以黄绿色为主，适宜用明亮浅色调和有温暖感的颜色体现健康活泼的风貌。化妆时粉底要

亮、透、薄，可选用金橙色的唇彩来透出轻盈、有光泽的感觉，妆色可使用桃红、橘红、黄、绿等暖色系。

夏季来临，自然界中的常青藤、紫丁香以及夏日海水和天空等浅淡的自然色彩构成一幅柔和素雅、浓淡相宜的图画。在选择化妆色彩时，宜选择蓝、绿色等色调。所以浅水粉与天蓝相搭配的眼影最能与夏季的气息相协调。另外腮红、口红宜用淡淡的玫瑰红或粉红，能使整个人看上去柔美、雅致。但夏天应避免色彩反差对比强烈的搭配。

秋天是收获的季节，给人以厚重的暖意。其浓郁的色彩更是带给人无穷的创意。因此，秋天要选用稍有质感的颜色，并且色彩要温暖、浓郁，苔绿、金黄、棕色都是不错的选择。如用深棕色和金色作为眼影色，砖红色作为腮红色，橘色作为唇色，都能衬托出成熟高贵的气质。

冬天白雪皑皑、天气寒凉，色彩相对单调统一，应避免过于浅淡的颜色，可以强调多彩缤纷的感觉。如选用红、黄、蓝、绿等色彩纯正、鲜艳、有光泽感的颜色。化妆时粉底也可略厚一些，借助眼影、腮红、唇彩等配合服装的多色搭配来打破冬天的单调之感就不失为一种好的方法（图4-65）。

四、光对化妆色彩的影响

在本章开端提到过，光是色彩产生的条件，一个化妆形象之所以能给人以美感，除了形与色的构思作用外，光线的作用也很重要。妆色与光色有着密不可分的联系，不同妆色在不同光色的影响下会产生不同的色彩效果，也决定着化妆造型的视觉效果，因此化

图4-63 化妆色彩与气质的协调

图4-64 化妆色彩与服饰色彩的协调

图4-65 体现冬季色彩的化妆

妆师必须了解光对于化妆效果的影响。

（一）光源的种类

人们接受的光源有两种，即自然光和灯光。自然光源的特点是色温偏高，晴天光源偏暖、阴天光源偏冷，对妆面色彩的影响小。灯光光源的特点是可以变化光色和投照角度，化妆色彩在不同色调的灯光下会产生较大变化。

（二）光的冷暖对妆面效果的影响

光依色相可以分为冷色光与暖色光，冷暖色光可以使相同的妆色产生不同变化。

（1）暖色光照在暖色的妆面上，妆面的颜色会变浅、变亮，效果比较柔和。如红色光照在黄色的妆面上，妆面显得亮丽、自然、暖味十足。

（2）冷色光照在冷色妆面上，妆面则显得鲜艳、亮丽。如蓝色光照在紫色的妆面上，妆面效果更加冷艳、神秘（图4-66）。

（3）暖色光照在冷色的妆面上或冷色光照在暖色妆面上，都会产生模糊、不明朗的感觉。如蓝色光照在橙红色的妆面或橙红色光照在蓝色妆面上，都会使妆色显得浑浊不清。

（三）各种色调灯光对妆面的影响

1. 普通灯光的演色性

这种色光一般是低纯度橙黄色的暖色光，在这种光照射下的化妆色彩，黄味会加强，照射后的色调能统一，但明度一般较低，普通灯光下妆面色调的变化如表4-2所示。

表4-2　普通灯光下妆面色调的变化

妆色	照射后的效果
红色妆	含有黄色味的红
黄色妆	光亮的红色味的黄
橙色妆	橙色变得更加亮丽
绿色妆	暗浊的黄绿色
青色妆	灰暗的青色
紫色妆	接近黑色的暗紫色

2. 日光灯的演色性

这种色光称为冷色光，带蓝青味。红色、橙色系的色彩（包括赭石、褐色系）遇到它，色相基本不会发生变化，但明度纯度会稍微降低；黄色系的色彩遇到它，柠檬黄会带有青色味，土黄类色彩的纯度变低；青色和绿色系的色彩遇到它，色相基本不太受影响，但色感会变得稍冷；紫色类的色彩遇到它，色相上会失去一部分红色味，蓝色味有所加重。

3. 彩色灯光的演色性

人们利用色彩的演色性来达到烘托气氛的效果，表现特殊的情调（图4-67）。彩色灯光照射下的妆色变化性较大，色相的变化是色光与化妆色彩综合性作用下产生的，如果化妆色彩与灯光相同或近似，受光后原色更鲜艳，色相感更明确，如果化妆色彩与灯光

图4-66　灯光对妆容服饰的影响

图4-67　彩色灯光的演色性

色相异，或是补色关系，受光后的原色变灰暗，色相感更模糊。彩色灯光下妆面色调的变化如表4-3所示。

（四）灯光在化妆中的造型性

如果用光讲究到位，可以有效地突出皮肤的肌理性、层次感，尤其是润饰光的作用最为明显，它可以

表4-3 彩色灯光下妆面色调的变化

变化效果 妆面色调	灯光色 红光	黄光	绿光	蓝光	紫光
红色妆面	色彩更艳	鲜红、带橙味	黑褐色	暗蓝紫色	红紫色
黄色妆面	红色	色彩更艳	明亮的黄色	绿黄色	带暗红色
绿色妆面	暗灰色	鲜绿色	色彩更艳	淡橄榄绿色	暗绿褐色
橙色妆面	红橙色	橙色	淡褐色	淡褐色	棕色
蓝色妆面	暗蓝黑色	绿色	暗绿色	色彩更艳	暗蓝色
紫色妆面	红棕色	带褐色味	带褐色味	带褐色味	色彩更艳

改变模特的面貌，让面部立体有致、肤色更好，以下介绍光线角度对化妆造型效果的影响。

（1）正面光。又称顺光，阴影极少，可表现清晰的影像质感和艳丽的色彩，明暗反差小，无深度幻觉，层次色阶的表现都比较淡薄。正面顺光使皮肤显得细腻光滑、清晰明朗（图4-68）；用高角正面光，会使脸形变长；相反，低角正面光则会使脸形变短。

（2）侧面光。采用侧面光，即光源处于面部的横侧面，可以形成明暗参半的效果（图4-69）。

（3）斜射光。斜射光在人面部的前方45°角投向主体，能适度地表现主体的明暗对比，具有立体感和丰富的质感（图4-70）。

（4）逆光。又称背光，在强烈的逆光投射下，面部形成优美的轮廓，但缺乏质感与色彩的表现。光源从主体的后方45°角射出，明亮部位少而阴暗部位多，主体正面大部分被隐没，但有局部的光边，能很好地勾画出面部的轮廓线条（图4-71）。

总之，色彩是一门既感性又具有深度的学问，化妆师对色彩的良好驾驭能化腐朽为神奇，增加妆容独特的魅力。但是人各有异，适合的色彩也不尽相同，应该在完全了解自身和他人的色彩情况之后，依据时间、场合、环境、季节等因素，选择合适的色彩，才能创造更美的妆容。

图4-68 正面光效果

图4-69 侧面光效果

图4-70 斜射光效果

图4-71 逆光效果

第五章
化妆基本流程与
方法

化妆是对面部整体的美化和修饰，只有掌握和熟悉化妆基本流程，才能创造出美的、精致的妆容。化妆的基本流程与方法包括两大部分：第一部分为化妆前的准备工作，包括化妆台的准备、对化妆光线的掌控、化妆用品及工具的准备等；另一部分为具体的化妆操作技法，包括涂抹粉底、画眼线、眼影、涂（粘）睫毛、画眉毛、鼻侧影、涂唇彩、刷腮红、整体检查等。

第一节　化妆前的准备

一、化妆台的准备

化妆台的台面应能摆放下化妆时所需的全部物品，化妆台上要有一面大小适宜、清晰度高的镜子，化妆台前放一把化妆椅。

二、化妆的光线要求

化妆所采用的灯光好坏会直接影响化妆效果，因此化妆台要配有照明设备。在选用灯光时要注意以下几点：

（1）化妆时的灯光要与模特在化妆后所处的环境光线相接近，这样才能保证化妆效果的真实性。

（2）灯光的照射角度也很重要。化妆时的光线应从正前方照射，过高或过低的光线会使人的面部出现阴影，影响对妆容的判断，以至影响化妆效果。

三、化妆用品及工具的准备

（1）将化妆时所需的化妆用品和工具按其使用顺序放在远近不同、取放方便的位置，并摆放整齐。将眼影盒、化妆套刷等化妆用品和工具打开，平放在化妆台上；将笔类化妆用品削好放入笔袋；将唇刷用酒精消毒，化妆海绵喷水备用（图5-1）。

（2）化妆时，首先请模特入座，用发带或发卡将其头发固定，以免因头发挡住脸部而影响化妆，同时也可避免化妆品弄脏头发。还可用专业化妆围布围系在模特的前胸，以免化妆膏、粉的掉落弄脏衣服。化妆师在化妆前应将双手洗净。

图5-1 化妆台上工具的摆放

图5-2 化妆师与模特的位置

四、化妆师的站姿

化妆师在化妆时应站在模特的右边，并始终保持这个位置；化妆师要与模特保持一定的距离，不能将身体靠在模特身上。同时，在化妆过程中，化妆师要随时通过镜子观察模特脸上的状态，不时地兼顾和修改化妆效果（图5-2）。

第二节　基础化妆的操作流程与方法

一、观察与交流

观察是化妆师必备的能力之一。化妆师要观察模特的容貌，根据"三庭五眼"的比例关系分析其面部和五官特点，运用适宜化妆技巧对其优点进行发扬，对缺点进行矫正，才能达到藏缺露优的效果。还可通过与模特的交流，了解其性格、职业、喜好等特点，根据模特出席的场合、服装款式及色彩等要素，确定妆容的大体方向。

二、清洁皮肤

化妆前应做好清洁，将脸部的油污及吸附在面部的尘埃、细菌洗去，这样才能让妆容干净清爽，保持长久。不管何种皮肤，都应掌握正确的洁面方法，洁面可以参考前面章节所介绍的洗面奶、洁面泡沫等美容护肤品进行。

三、涂化妆水

化妆水主要指爽肤水或收缩水。清洁皮肤后，皮肤会散失部分水分。用化妆水及时调理皮肤，不仅可以使皮肤滋润，还可以收缩毛孔，让皮肤的酸碱度达到平衡，好上妆。化妆水要根据模特的皮肤类型选择。用蘸取过化妆水的化妆棉或棉签，在面部自上而下涂抹，并用指腹轻轻拍打至皮肤吸收即可。

四、涂润肤霜或乳液

润肤霜或乳液都是滋养皮肤、锁水保湿的保养品，它还可以软化肤质，隔绝有色化妆品直接进入毛孔，起到保护皮肤的作用，并能使粉底涂抹均匀，效果自然。油性皮肤应选择蜜质乳液，而干性皮肤最好选择油性和保湿性强的润肤霜。涂抹之前取少许润肤霜或乳液放在手心，轻轻揉开，待有一点温度后涂抹于面部，让皮肤更充分的吸收。

五、涂隔离霜

完成乳液的涂抹后，还需进行隔离霜的涂抹，隔离霜可以有效防止化妆品和面部皮肤直接接触，并能活化肌肤、淡化细纹、增强肤色。隔离霜的颜色也有多种，可以按照前面章节的介绍选用合适的隔离霜。

六、修饰肤色（打底妆）

肤色在化妆中起着至关重要的作用。一个成功的化妆造型，很大程度取决于肤色的修饰；每个人都有自己的皮肤色调，有的偏黄、有的偏白、有的偏红或偏暗。修饰肤色就是要利用粉底来遮盖和调整肤色、紧致皮肤、改善肤质，使皮肤呈现健康、润泽的光彩。

（一）上基础粉底

这一步主要用基础粉底、修颜液来调整或改变不理想的肤色，统一面部色调，使肤色更加柔和、明晰。基础粉底的色彩应该与皮肤色调一致，或者稍微明亮一点。可以根据皮肤的类型和妆容的效果选择相应的基础粉底类型和色彩，如干性皮肤或自然的生活妆，可以选择粉底液，能使妆容清透自然、皮肤润泽细腻（图5-3）；而油性皮肤或晚宴、舞台妆则可选择浓厚的粉底膏，一来可以减少油光，保持妆容的持久，二来也能在灯光下显得庄重和突出。对于肤色的调整，可以参考前面章节的关于修颜液色彩和肤色搭配的介绍。

粉底可以借助于海绵和手指来完成。海绵弹性好，涂抹粉底的速度快而且均匀；而手指是有温度的，温度能让粉底膏微融，更好的贴合于皮肤，运用手指还可以对海绵难以深入的细小部位，如鼻翼两侧、下眼睑及嘴角等部位进行精细处理，甚至有着海绵达不到的效果。进行粉底的涂抹时，可以采取以下手法：

（1）印按法。这种涂抹手法最为普遍。方法是手持海绵，轻按在皮肤上并随即将海绵滑向一旁。利用印按法可使粉底涂抹均匀，附着力强，效果自然。

（2）点拍法。手持海绵，快速在皮肤上直上直

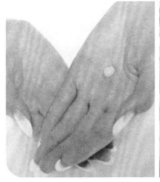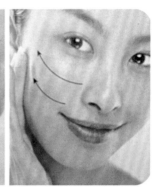

图5-3 粉底液的涂抹

下地点拍，不做移动。这种方法涂抹底色，可使粉底与皮肤结合得更牢固，附着力更强。但大面积运用此种方法，易使粉底涂得过厚，使底色显得不自然。此法常用于提亮和局部修饰。

（3）平涂法。手持海绵在面部来回涂抹。这种手法力度轻，粉底附着力不强，只适用于过厚的粉底涂抹或五官的细微边缘处涂抹。

总之，化妆师应根据面部的结构、各部位特点及自己的习惯，灵活运用各种手法，将其相互结合，才能打造出效果自然、柔和服帖的肤底色。

（二）皮肤遮瑕

根据面部皮肤存在的瑕疵，如粉刺、斑点、疤痕、黑眼圈等。根据其色彩和形状，选择合适的遮瑕产品，用遮瑕笔进行涂抹。注意涂抹后边缘要过渡好，逐渐融入旁边的肤色，看上去要自然柔和。

（三）涂高光色和阴影色

在头型和面部结构章节中，我们了解人的头部是一个立体的不规则球状体，骨骼和肌肉导致我们的面部五官起伏变化，又由于受光的程度不同，立体感随之而产生。这种微妙的变化不能只用一种色调的粉底来表现，而需要巧妙利用不同明暗的粉底色进行局部调整，产生自然立体的面部轮廓。主要可以通过高光色（亮色）提亮、阴影色（暗影）加深来完成。

高光色浅于基础底色，一般为米白色、象牙色。具有开阔、鼓突的效果。主要用在面部突出部位，即面部"T"字区，如前额、鼻梁、颧骨上方、眉弓骨、

上下眼睑中部、下颌等部位，可以让其更突出、立体。

阴影色深于基础底色，一般为咖啡色，深棕色。具有收紧、后退和凹陷的效果。主要用于颧骨下方、两侧大鬓角、鼻梁侧面（鼻侧影）等部位。利用阴影色，可使这些部位或后退，或深凹，以此强调突出的部位，使脸轮廓更富立体感。

七、涂散粉

定完底妆后，要运用散粉进行定妆。散粉能固定底色、柔和妆面，使皮肤颜色均匀、细腻、妆面更持久。先将散粉刷蘸取适量散粉，均匀揉开，在模特脸部从上到下、从左到右依次进行点拍，要顺着脸部肌肉走向进行滚刷，确保脸上的每一寸肌肤都均匀涂抹到散粉，包括脸脖子交界处也要全部覆盖到。随后用粉扑蘸取适量散粉，揉开后在脸上进行按压，同样按照从上到下、从左到右的顺序（图5-4），要特别注意内外眼睑、鼻翼两侧、嘴唇边缘等细小部位都需要细致涂抹并压实，让散粉、粉底和皮肤三者紧密融合，最后用散粉刷或者扇形扫刷将脸上多余的浮粉扫去。

八、画眼线

眼线是对眼睛上下睫毛根部排列呈线状的描画。而事实上并不存在生理上的眼线，准确的称呼应为睫毛底线，只是人们习惯称之为眼线，似乎也更自然且有美感。

睫毛浓密的人眼睛会更有魅力，但随着年龄的增长，眼睛的神采就会减弱。通过对眼线的描画，能使眼睑边缘清晰，增大眼部神采。同时，利用眼线的位置及角度，可以调整一些不太标准的眼形。

具体画法：观察眼睛形状，确定上眼线的高度。请模特闭上眼睛，化妆师用一只手在上眼睑处轻推，使上睫毛根部充分暴露出来，紧贴睫毛根部从靠近外眼角的2/3处定点，逐渐向内向外描画，注意线条要流畅，向上逐渐晕开，边缘柔和。画上眼线时，内眼角要细，外眼角要粗，并向外延伸至眼尾，微微上翘；下眼线要根据妆型确定，画下眼线时，请模特向上看，由外眼角向内眼角进行描画，一般描画到外眼

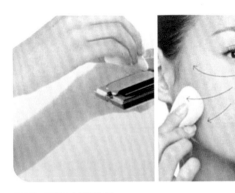

图5-4　扑散粉定妆

图5-5　眼线的描画

图5-6　眼睛的结构与名称

角的1/3处即可（图5-5）。但是夸张眼线可以不受此约束，如需改变眼形或者扩大眼形时，则可抛弃原来的眼睑边缘，重新描画眼线形状。

九、画眼影

眼睛是心灵之窗，是灵魂的美。我国古典诗歌中早就有"巧笑倩兮，美目盼兮"的名句，可见眼睛在容貌中的位置是多么重要。而眼睛修饰的成败也将影响到化妆的整体效果。因此，眼睛的修饰是化妆的重点。

（一）眼睛的生理结构（图5-6）

眼睛由眼球和辅助组织构成。眼球是视觉器官的主要部分，位于眼眶内的脂肪组织中，眼球的壁有三

层膜：外层是巩膜（俗称眼白），中层为血管膜，内层为视网膜。

上下眼睑之间的裂缝称为眼裂，也可以称作眼缝。巩膜经眼裂可见，巩膜在前方变成凸而透明的角膜，位于巩膜的血管膜，在眼的前部。经过角膜可以看到虹膜，虹膜含有染色物质——色素，色素决定着眼球的颜色。平常所说的"蓝眼珠""黑眼珠""黄眼珠"即指虹膜而言。在虹膜正中有一圆孔，称瞳孔，如照相机的光圈，可以调节进入眼内光线的多少。光线量越大，瞳孔就缩小，光线量小时，瞳孔就张大。

眼睛的外圈是眼睑（俗称眼皮），眼睑分上眼睑与下眼睑。上眼睑皮肤在睁眼时形成一条皱襞，这条曲线称为双眼睑（双眼皮），没有双眼睑者称单眼睑（单眼皮）。上眼睑以眉毛为界，覆盖在眼球上。我们可将上眼睑视为覆盖在半个球体上的圆弧，眼睛化妆就要以此为依据，充分体现眼部的转折与结构。下眼睑的下沿在颧骨与眼裂中部，通常可以看到一个凹下的皱折，称为睑颊沟，即俗称的"眼袋"。人到老时，皮肤松弛，此沟明显。眼部指的就是上至眉毛，下至脸颊沟，内至眉头鼻侧连线，外至眉梢下眼睑连线的中间部位。

眼裂两端，分别为眼内眦和眼外眦。眼内眦（也叫内眼角）有一个淡粉红色的凹陷——泪阜；眼外眦（也叫外眼角）形状较尖锐。从内眼角至外眼角所形成的一条直线，称为"眼轴线"。

（二）眼影的描画步骤

先用大号眼影刷蘸取浅色眼影（一般为浅棕色或其他色相的浅色调）从外眼睑着笔，向内向上晕染至眶上缘，按照眼形画出一定弧度。接着取中号眼影刷蘸取眼影主色调画在接近眼线的地方，晕染的面积比之前小，但是形状和方法一致。最后用小号的眼影刷蘸取比刚才色彩更深一些的同类色、深灰色或黑色从眼线开始处向上晕染。此时的晕染面积最小，主要是强调眼线，增大眼形。要沿着睫毛根部描绘，并与之前的色彩过渡柔和。这样画出来的眼影就具有深浅不同的层次和色彩，能将眼形的轮廓描绘得立体有致（图5-7）。

（三）眼影的色彩运用

运用丰富的色彩对眼睛进行修饰，是为了让眼睛更富魅力，让妆容生动多彩。由于眼睛是一个球体，具有立体感，所以要画出立体感必须借助一定色彩和深浅明暗的帮助。跟粉底色彩修饰脸部立体感一样，眼影色也有提亮色、阴影色、强调色、装饰色等。

1. 阴影色

主要用在眼窝、内眼睑等凹陷的部位。阴影色的颜色有暗灰、深褐、深蓝、深蓝灰、深紫灰、深棕等。

图5-7　眼影的描画步骤

图5-8 眼影色彩搭配

图5-9 眼影平涂法

2. 提亮色

可以用在眼睑中部、下眼睑内、眼窝和眉弓骨之间，突出其结构。白色、淡粉色、灰白色、米色、浅黄色、添加了荧光和亮粉的色彩都属于提亮色。

3. 强调色

阴影色、提亮色及任何颜色都可以成为强调色。涂强调色的目的是为了突出眼睛的某个部位，使之成为引人注目的焦点。强调色的运用关键在于色彩的比例搭配。画眼影色彩时，需要确定一个主色调，或者确定色彩的主要明暗度、饱和度，切不可将色彩的色相、明暗度、面积涂抹太过均等，这样就很难分辨出强调色。如在紫色眼影的铺垫下，在双眼睑中涂上一点金色眼影，这就是加强眼部立体感的强调色。

4. 装饰色

装饰色更多用在舞台效果和创意妆中，可以装饰眼部、突出氛围，增加眼部的夸张视觉效果。彩色眼影膏、珠光眼影、亮粉、金粉、钻饰等都能增强装饰效果。

眼影色彩的丰富有助于眼部的美化，但如运用得不恰当，反而会破坏整体的化妆效果。常用的眼影色搭配主要有以下几种（图5-8）：

（1）类似色组合。相同色系内的眼影色彩组合，主要是深浅色运用，表现色彩明度的对比，如大红配橘色、黄色配金色等，能取得和谐一致的效果。

（2）邻近色组合。相近色系的眼影色彩组合，可以避免同色系眼影搭配产生的单调感，如蓝色配紫色，黄色配橙色等，这些色彩搭配较和谐却不失单调。

（3）互补色组合。互补色系的眼影色彩组合，主要是冷暖色彩的运用，如橙色配蓝色、紫色配黄色等，可以突出眼部的视觉冲击力，产生强烈的创意效果。

（4）多色彩组合。在用多色眼影化眼妆时，一定要注意从整体效果出发。首先应该确定一个主色调，然后再搭配上附属色和点缀色，还要注意强烈色彩和对比色彩的面积比例关系等，如此才能较好地表现眼部结构，突出妆容色彩主题。

（四）眼影的填涂技巧

为了塑造不同的眼影效果，可以采取不同的眼影修饰方法，主要有。

1. 平涂法

操作比较简单，指的是均匀、没有层次的在眼部涂抹眼影色。平涂法分为单色平涂和多色平涂两种。但是这种方法的眼影边缘处理不当时会显得呆板不自然（图5-9）。

图5-10　1/2横向晕染法

图5-11　纵向晕染法

图5-12　烟熏妆眼影效果

2. 晕染法

由较深的眼影颜色逐渐晕染过渡至较浅的眼影颜色。它讲究在眼影修饰时体现立体的素描关系，使整个眼部呈现层次分明的明暗过渡效果，显得丰富多彩。晕染法分为横向晕染和纵向晕染两种。

（1）横向晕染法。在上眼睑处，用两种或两种以上的眼影色彩由内眼角向外眼角横向排列搭配晕染，这种晕染方法比较适合东方人的眼睛，可使眼睛生动有神且具立体感，是化妆师较常采用的眼影化妆方法。常用的横向晕染法有：1/2排列晕染法、三色晕染法、1/3排列晕染法等。

1/2排列法也称左右晕染法，即将上眼睑分为左、右两部分进行横向晕染（图5-10）。此种眼影排列方式色彩对比夸张，具有较强的修饰性，适用于晚妆、时装表演等修饰性较强的妆面。

三色晕染法是将上眼睑横向分为三个区域进行晕染，色彩过渡柔和自然。此种眼影搭配方法能充分体现眼部的立体感和眼部神采。适用于修饰性较强的妆型及东方人较长的眼形。

1/3晕染法是由上眼睑横向分为两个区域进行晕染，此种眼影搭配方法可采用对比色或邻近色，也可根据个人的需要随意变化，适用各种妆容及眼形（肿眼除外）。

横向晕染法注意晕染时刷子要始终平贴在眼睑上，刷子的角度随着眼部的形体变化而变化，各区的衔接部位过渡要自然，不能出现明显的分界线，应根据眼形特点及色彩的色性选择各区颜色。

（2）纵向晕染法。纵向晕染法较为传统，是用单色或多色眼影由深至浅或由浅至深的晕染方式。纵向晕染法有上浅下深晕染法和下浅上深晕染法两种。

上浅下深晕染法是用眼影色沿睫毛根向上平行进行由深至浅的晕染方式（图5-11）。此晕染方式色彩过渡柔和自然，给人以典雅、清秀的感觉，适用于各种妆型，尤其适合单眼睑及眼睑浮肿者，流行的烟熏妆即是属于这种晕染法（图5-12）。

上深下浅晕染法也称"假双眼睑晕染法"，可以针对单眼睑或眼睛形状不够理想的双眼睑在上眼睑处画出一个双眼睑的效果。此法适用于单眼睑中的眼睑脂肪单薄者、或眼裂与眉毛之间距离较远的眼形。

纵向晕染法注意：晕染深色调时，化妆刷要直立，以加强用笔。每次蘸取颜色后，都要从最深处开始进行晕染，从而形成眼影色自然衔接的层次变化。在画假双眼睑时，假双眼睑的线条位置高低要以假双眼睑的宽窄而定。若双眼睑想宽些，这条线的位置就要高，反之就可低一些。

（3）结构晕染法。结构晕染法是一种突出眼部立体结构的晕染方式，是把上眼睑当成一张白纸，利用绘画中的明暗对比关系，刻画出立体的眼部结构。结构晕染法修饰性强，常用于需要特别强调眼部的化妆，如舞台表演、创意大赛、模特大赛等。具体晕染方法是在上眼睑沟处根据眼睛结构画出一条弧线，强调眼睑沟的位置，从外眼角处沿这条弧线向眼部中央晕染，颜色逐渐变浅，在弧线的下方和眶上缘提亮。结构法分为倒勾法和假双法两种。倒勾法强调的是眼窝结构（图5-13），假双法强调的是双眼皮结构（图5-14）。

在眼部化妆中，各种晕染方法不是独立的，使用时，需要根据不同眼部的特征、不同妆容的侧重点，相互结合、穿插使用，才能塑造出完美眼妆。

图5-13　倒勾眼影效果　　　　　　　　图5-14　假双眼影效果

十、涂睫毛

睫毛生理状态为：上睫毛浓而粗，下睫毛淡而细，外眼角位置的睫毛浓重，内眼角位置的睫毛稀淡。睫毛不但具有保护眼睛的作用，长而浓密的睫毛更能增加眼睛的神采，使眼神充满魅力。涂睫毛时，先用睫毛梳将睫毛梳理顺畅，用睫毛夹将睫毛夹出卷翘状。夹睫毛时，眼睛呈45°角向斜下方看，用手轻轻将上眼睑向后推，露出睫毛根部，将睫毛夹夹到睫毛根部，使睫毛夹与眼睑的弧线相吻合，夹紧睫毛5秒左右松开，不移动夹子的位置连做1~2次，然后分别在睫毛的中部和末梢用同样方法夹几次，使弧度固定。随后就可以涂睫毛，先用睫毛刷蘸取睫毛膏，顺着睫毛的生长方向从根部向尖部轻轻刷，并左右横向摆动；涂下睫毛时，眼睛向上看，先用睫毛刷的刷头横向涂抹，再从睫毛根部由内向外转动，让更多的睫毛膏涂抹到睫毛上，最后用睫毛梳梳理，去除结块的残留物，让睫毛自然浓密（图5-15）。

十一、粘假睫毛

在生活中，有些人的睫毛过短，即使做了修饰也达不到所需的效果时，就需要运用假睫毛了。假睫毛在影楼摄影、影视表演、晚宴、舞会等场合使用更多，能达到特定的艺术效果。假睫毛的种类较多，既可以整条使用，也可以剪断使用，既可以只用后半段，也可以只用中间部位。具体做法如下：

（1）修剪假睫毛。假睫毛选好后，在粘贴前要根据模特的眼睛形状、睫毛宽度、长度和密度进行修剪。一般假睫毛的长度比眼睛的睫毛长度长，修剪的时候要注意剪成弧度的参差状，且内眼角睫毛可剪得短些，外眼角的睫毛要留得长些，达到真实自然的效果。

（2）在修剪好的假睫毛底部缝线上涂上专用睫毛胶或黏合剂，注意不要碰到睫毛。

（3）将涂过胶的假睫毛从两端向中部弯曲，使其弧度与眼球的表面弧度相等，将假睫毛紧贴着睫毛根部粘贴，或者贴在修饰过的眼线中间

图5-15　睫毛修饰

图5-16 粘贴假睫毛

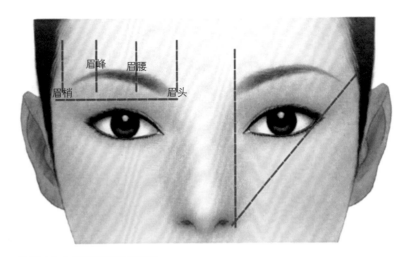

图5-17 眉毛的结构与名称

部位。注意睫毛短的一端粘贴在内眼角处，较长的一端粘在外眼角处。粘贴时要从内眼角处到外眼角处粘贴，由中间至两侧轻轻按压贴实。

（4）待假睫毛上的胶水稍干后，用镊子夹住假睫毛，将其轻轻向上翻卷，再用睫毛夹将真假睫毛一起夹弯，再次涂抹上睫毛膏即可（图5-16）。

十二、眉毛的修饰

人们称眉毛为"七情之虹"，这说明了眉毛在面部中占有很重要的位置。它不仅在很大程度上左右着面部表情，同时也反映着时尚与流行，特别是对矫正脸形、强调眼部立体感起着重要的作用。在化妆中我们无法完全改变脸形、眼睛、鼻子、嘴唇等部位，但是我们却可以重新塑造眉毛。

（一）眉毛的生理构造

眉毛起自眼眶的内上角，沿眼眶上缘向外略成弧形至眼部外上角止。靠近鼻根部的内侧端称眉头，外侧端称眉梢或眉尾，眉毛近于直线状，略成弧线状，弧线的最高点称作眉峰，眉头与眉峰之间称眉腰。眉头部分眉毛呈扇形生长，从眉腰处开始，眉毛分上下两列生长，上列眉毛斜向下方生长，下列眉毛斜向上方；眉峰至眉梢部位的眉毛向斜外下方生长。眉头及眉梢部位的毛发细而稀疏，中间部位特别是眉峰处的眉毛较粗而密致（图5-17）。画眉毛时一定要根据眉

毛浓淡变化和生长规律进行，才能使眉毛显得真实而生动。

眉毛的长短、粗细、色泽与人的种族、性别、年龄及遗传因素有关。儿童的眉毛细而短，颜色灰浅，成年后眉毛颜色加深，男性眉毛粗而浓密，女性则相对细而稀疏，到老年时眉毛还可能变白。

（二）标准眉形的确立

眉毛的形状是否标准，主要是看与眼睛搭配是否恰当，与五官、脸形组合是否协调到位，此外也有表现个性等方面的内容。这里所指的标准，主要以眉毛的个体而言，不存在与其他部位的关系。审视眉毛的长短、疏密、粗细、深浅，有时代性、民族性、年龄及个人的爱好及审美趣味等一系列影响因素，但标准眉形都具有以下审美标准：

（1）将眉毛平分为三等份，即眉头至眉腰、眉腰至眉峰、眉峰至眉梢三部分应大致均等。

（2）眉头的位置在鼻翼与内眼角连线的延长线上。

（3）眉梢的位置在鼻翼与外眼角连线的延长线与眉毛相交处。

（4）眉峰的位置在眉头至眉梢的2/3处。

（5）眉梢的高度为眉头下缘至眉梢的水平连线上，且略高于眉头。

（三）眉毛的其他形态

除标准眉形外，还有许多形状的眉毛，掌握这些

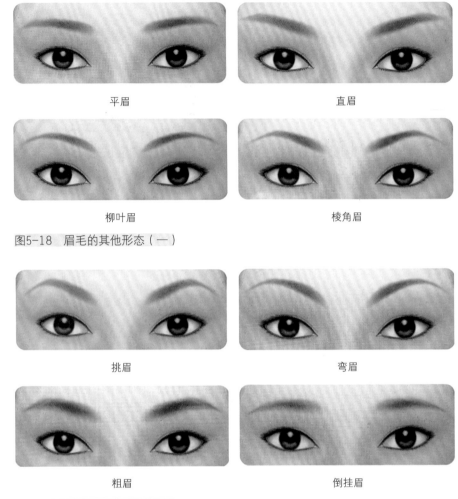

平眉   直眉

柳叶眉   棱角眉

图5-18 眉毛的其他形态（一）

挑眉   弯眉

粗眉   倒挂眉

图5-19 眉毛的其他形态（二）

眉毛的特点，能够塑造各种个性鲜明的形象，但是必须根据脸形和角色需要进行选择（图5-18、5-19）。

（1）平眉。平眉的眉头、眉峰、眉尾基本在同一直线上，显得自然整齐，青春中充满帅性。

（2）直眉。直眉的眉头、眉峰、眉尾基本在同一斜线上，眉尾明显上扬，女性有此眉形能彰显刚强的个性。

（3）柳叶眉。柳叶眉纤细秀美，弧度柔和流畅，能体现女性的柔美。

（4）棱角眉。棱角眉是柔中带刚的眉形，能显示女性外柔内刚的特性。

（5）挑眉。挑眉的眉峰高挑，拥有此眉形的女性显得冷艳高贵。

（6）弯眉。弯眉的眉头低、眉尾高，眉峰自然弯曲，具有妩媚妖娆的形象。

（7）粗眉。粗眉的眉形自然、凌乱，没有太多

的修饰，显得青春、活泼、随性。

（8）倒挂眉。倒挂眉也称八字眉，眉头高、眉尾低，眉形下挂，看上去悲观、憔悴。

（四）修眉的步骤与方法

修眉首先需要根据脸形和具体需要而定。先用硬质的小眉刷轻刷双眉，以除去粉尘及皮屑，对眉毛进行清理，然后用温水浸湿的棉球或热毛巾盖住双眉，使眉毛部位的组织松软，毛孔张开，使用润肤霜亦可使眉毛及其周围的皮肤松软，接着用专门的修眉工具对多余的眉毛或过长的眉毛进行修剪，再用收敛性化妆水拍打双眉及周围的皮肤，以收缩皮肤毛孔。

修眉时要根据所使用工具的不同，采用不同的方法（图5-20）。一般来讲主要有以下三种：

（1）剪眉法。剪眉法是用眉剪对杂乱多余的眉

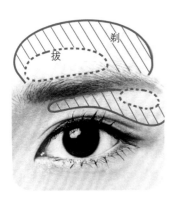  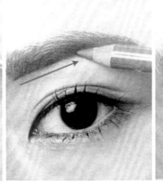 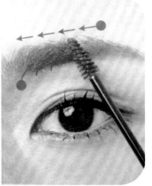

图5-20 眉毛的各部位修饰　　图5-21 画眉的方法与步骤

毛或过长的眉毛进行修剪，让眉形变得整齐。修剪时，先用眉梳或小梳子，根据眉毛的生长方向，将眉毛梳理成形，然后将眉梳平着贴在皮肤上，用弯头剪（眉剪）从眉梢向眉头逆向进行修剪。眉梢可以稍剪短一些，靠近眉毛中间的部分要留长些。眉峰至眉头部位，除特殊情况外，不宜修剪，从眉峰至眉头的部位修剪时，梳子要逐渐抬起，这样可以形成眉毛的立体感与层次感。

（2）拔眉法。拔眉法是用眉镊将散眉及多余的眉毛连根拔除的方法。利用拔眉法进行修眉，最大的特点是修过的地方很干净，眉毛再生速度慢，眉形保持时间相对较长。拔眉前可用毛巾热敷，使眉部毛孔扩张，减少拔眉时皮肤的疼痛感。拔眉时用一只手的食指和中指将眉毛周围的皮肤撑开，另一只手拿着眉镊，夹住眉毛的根部，顺着眉毛的生长方向，将眉毛一根根拔掉。拔眉毛要特别慎重，因刚刚拔过的皮肤容易泛红，会影响化妆底色的效果，拔眉时会有轻微的疼痛感，长期用此方法修眉，会损伤眉毛的生长系统，使眉毛的生长速度减慢，甚至不再生长，还会导致眉部皮肤松弛。

（3）剃眉法。剃眉法是用修眉刀将不理想的眉毛剃掉及剃除眉毛周围密集而细嫩的杂毛、汗毛，以便于重新描画眉形。剃眉使用的工具应为专用的修眉刀，刀头要小，刀锋处有保护层，这样不容易刮伤皮肤。刮眉时，用一只手的食指和中指将眉毛周围的皮肤撑开，另一只手拿修眉刀，逆着眉毛生长的方向，使修眉刀与皮肤呈45°向斜下方剃，才不易损伤皮肤。剃眉过程中握修眉刀的手要稳，从而保证刮眉刀

的安全性和准确性。这一方法较为简单，操作时皮肤没有疼痛感。动作迅速效果更佳，故化妆前宜用刮眉的方式来修眉。但剃掉的眉毛会很快长出来，而且新长出来的眉毛会显得更粗硬。

（五）画眉的方法

先从眉腰开始入手，顺着眉毛的生长方向，用眉笔一笔一笔勾画至眉峰处，形成上扬的弧线，然后从眉峰处开始，顺着眉毛的生长方向，用眉笔一笔一笔斜向下画至眉梢，形成下降的弧线。眉头处要用笔进行淡淡的描画，画完之后用眉笔的后端（圆润的一段）进行抹匀。眉毛画完后用螺旋形眉刷从眉头到眉梢进行梳理，使其色彩柔和真实（图5-21）。

注意画眉毛时，握笔要做到"紧拿轻画"，眉笔要削成扁平的"鸭嘴状"。眉毛是一根根生长的，因此眉毛要一根根进行描画，才能体现眉毛的空隙感。描画眉毛时，注意眉毛深浅变化规律，要体现眉毛的质感，眉色应略浅于发色和眼线色。

十三、鼻部的修饰

鼻子在脸部占据着重要的地位，它像一条中轴线，将面部分成左右对称的两半。鼻部上端是眉毛、眼睛，左右和面颊相连，鼻翼通过鼻唇沟维系、牵动着嘴角，又通过人中与嘴唇相呼应。鼻部是全脸最高的部位，由于它的突出与醒目，形成脸面的层次与节奏，对容貌的影响很大。虽然人们似乎不太注重对鼻部的化妆，但鼻部与脸上其他所有的部位都相互为

邻，要想获得理想的化妆效果，就必须在鼻部的美化上下一番功夫。

（一）鼻子的生理构造

鼻部主要就是指鼻子，其内部骨骼由鼻骨及鼻软骨构成。鼻骨位于鼻的基底部位和鼻根部。鼻软骨由透明软骨组织构成，最大软骨是鼻外侧软骨、鼻翼软骨和鼻中隔软骨。我们在脸部表面看到的鼻部主要指外鼻，包括以下部位（图5-22）：

（1）眉间。眉间指的是两眉头中间、两眼窝中间、鼻子上方的倒三角区，是鼻子的上部延伸。

（2）鼻根。鼻根是鼻上端的起始部，为额骨与鼻骨相连处，基本上是整个鼻部最窄的部位。

（3）鼻梁。鼻梁是鼻根向下逐渐呈长的梯形隆起部分，有直线、凹曲线、凸曲线之别。

（4）鼻侧。鼻侧也叫鼻背，在鼻子两侧，上连眉头，下连鼻翼，中间是鼻根、鼻梁，两旁接脸颊。

（5）鼻翼。鼻翼在鼻尖左右两侧，略成圆形而带角状，有大小、宽窄、圆扁之分。

（6）鼻尖。鼻梁的下端称鼻尖，又叫鼻头，有大小、圆尖之别。

（7）鼻孔。鼻翼下面水平部分通向鼻腔的圆孔，称为鼻孔，有大小、俯仰之别。

（8）鼻中。隔两鼻孔中间的部位称鼻中隔，正视不明显。

（9）鼻底。鼻底在鼻中隔的最低部，鼻部的终结处，下接人中部位。

理想的鼻形长度为脸形的1/3，宽度为脸宽的1/5，鼻根位于两眉之间，鼻梁由鼻根向鼻尖逐渐隆起，鼻翼两侧在内眼角的垂直线上，鼻梁挺拔，鼻头圆润，鼻翼大小适度。

（二）鼻部的修饰方法

鼻部的修饰主要是指鼻侧影晕染和鼻形的塑造。严格地说，单纯的鼻部化妆是不存在的，因为鼻部的化妆常常在肤色修饰及眉眼部修饰中进行。

1. 鼻侧影的运用

东方人的鼻部立体感不够，鼻部的修饰技法就是通过色彩的明暗对比，在一定程度上创造色彩明暗的错觉效果，以改变鼻部的外形，使其高耸挺立。

由于鼻侧影画在鼻子的两侧，处在面部的中心位置，加上色彩具有一定的深度，可以强调立体层次。在化妆中，常常将鼻侧影作为修饰或矫正鼻子的一种手法。涂鼻侧影时，用手指或侧影刷蘸少量阴影色，从鼻根外侧开始向下涂，颜色逐渐变浅，直至鼻翼处消失，然后在鼻梁正面由鼻尖至鼻根部涂抹亮色提亮。日常的淡妆，为了追求真实自然和不露痕迹的效果，可以减淡鼻侧影的描绘，在鼻梁上涂抹少许的提亮色即可（图5-23）。

2. 鼻侧影的颜色选择

鼻侧影一定要和面部的基底色调保持一致，只求拉开与底色的明暗差别，这样才能与肤色、底色和谐，形成自然的阴影色。如面部的基底色是暖色调，鼻侧影的颜色最好也选择暖色，如浅棕色、红棕色、咖啡色等；如面部的基底色是冷色调，鼻侧影的颜色也最好选用冷色，如棕灰色、褐色、绿灰色等。此外，鼻侧影的颜色除了要与肤色统一外，还应与眼影色调协调。如果涂蓝色或紫色眼影，用红棕色的鼻侧影就不尽和谐，改用紫灰色或偏冷的灰褐色才能与眼影衔接。如没有理想的色彩时，还可以自己进行调配。

注意事项：

（1）鼻侧影的晕染要符合面部的结构特点，晕染时要注意色彩变化规律，即在鼻根眼窝处略深一些，并与眼影衔接，越向鼻尖处越浅，直至消失。

（2）鼻侧影与脸部粉底相连处的色彩要相互融合，而不要显出两条明显的痕迹，并且要左右对称。

（3）鼻梁上的高光色要符合鼻部的生理结构，

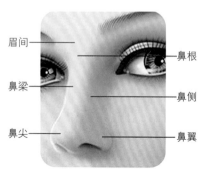

眉间
鼻根
鼻梁
鼻侧
鼻尖
鼻翼

图5-22　鼻子的结构与名称

图5-23　鼻侧影的修饰

宽窄适中。最亮部位要涂在鼻尖，因为此处是鼻部的最高点。

十四、唇部的修饰

（一）唇部的生理构造

嘴唇由皮肤、口轮匝肌、疏松结缔组织及黏膜组成，分为上唇和下唇，两唇之间为口裂。上下嘴唇的红唇外轮廓构成唇形，上唇中部为上唇结节，其两侧上方有两个突起的唇峰，两唇峰之间的低谷称唇中，呈凹陷的"V"形。下唇中央最低点称唇底部，下唇连接下颏的凹陷处为颏唇沟，唇的两侧为嘴角（图5-24）。唇是脸部肌肉活动机会最多的部位，唇色则能反映人的个性、气质、品位和审美情趣。通过对唇的修饰，不仅能增强妆容色彩，还能调整肤色气色。因此，唇的修饰在面部化妆中意义重大。

（二）标准唇形和其他风格唇形

标准唇形的唇峰在鼻孔外缘的垂直延长线上，位于唇中至嘴角的1/3处，嘴角在眼睛平视时眼球内侧的垂直延长线上，下唇中心厚度是上唇中心厚度的两倍，嘴唇轮廓应清晰，嘴角微翘，整个唇形富有立体感，能给人以亲切、自然的印象。其他风格的唇形有（图5-25）：

（1）干练职业的唇：紧致微薄，唇峰稍带棱角，有干净利落的感觉。

（2）活泼可爱的唇：嘴角上翘，薄而圆润，唇线不清晰。上唇呈心形，下唇较丰满，给人以娇小、甜美、可爱的印象。

（3）丰满典雅的唇：唇峰位于唇中至嘴角的1/2处，唇峰饱满，弧度柔和，轮廓匀称。唇峰的高度和下唇相应位置厚度相同，更显丰满、立体感强。

（4）妩媚动人的唇：唇峰有些夸张，双唇较厚，丰满性感，又称"花瓣嘴"。唇峰位于唇中至嘴角的2/3处，此种唇形有平整宽广和优美的微笑感，给人以热情的印象。

（5）唇部尖突的唇：上下唇偏薄，整个嘴唇偏小，唇峰突起，略带尖锐倾向，嘴角处稍向上扬，给人以冷峻、严肃的印象。

（6）冷艳高贵的唇：嘴唇厚而带棱角，立体感强，嘴角微微下垂，给人冷艳的印象。

（三）唇膏的色彩选择

（1）唇膏的色彩应与服装整体色调搭配协调。

①如果穿着冷色系的服装，如主色调为蓝、紫、翠绿、粉绿、银色等色彩，搭配的唇膏色彩可选粉红、桃红、玫瑰红、紫红色等。

②如果穿着暖色系的服装，如主色调为金色、黄色、草绿、橄榄绿、棕色等色彩，搭配的唇膏色彩可选大红、朱红、橙红、棕红等。

③如果穿着中性色调或无彩色的服装，搭配的唇色就比较广泛。

④如果穿红色系的服装，则唇膏颜色与服装颜色越接近越好。

（2）唇膏颜色应与腮红颜色基本一致。

（3）年轻的女性宜选用浅色、透明的唇彩，能

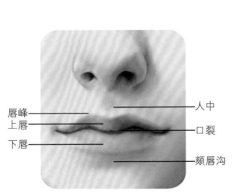

唇峰
上唇
下唇

人中
口裂
颏唇沟

图5-24　嘴部的结构与名称

干练职业的唇

活泼可爱的唇

丰满典雅的唇

妩媚动人的唇

唇部尖凸的唇

冷艳高贵的唇

图5-25　其他风格唇形

显得清新可人；年长的女性宜选用自然稳重的唇彩，能显得端庄优雅。

（4）肤色太浅的女性不宜用深色的唇彩，而肤色较深的女性用偏深色的唇彩比较理想，能将脸色衬托得稍亮一些。当然，如果想要前卫性感的古铜色肌肤造型，搭配荧光的浅色系唇彩会有不错的效果。

（5）牙齿发黄的女性最好选择珊瑚红、朱红、橙红、鲜红等暖色系唇彩，牙齿发灰的女性最好选择粉红色、玫瑰红色、桃红色等冷色系的唇彩，这样能将牙齿衬得洁白些。

（6）唇色及唇形在化妆中受化妆品与流行因素的影响很大，所以要时时关注流行动向以及保持健康、自然的状态才是最重要的。

（四）唇部修饰的步骤及方法

（1）设计唇形。根据模特自身条件，设计理想的唇形。

（2）在嘴唇周围的皮肤上拍些散粉使唇边部位呈粉质状态，以免油脂使唇膏顺唇纹晕开。如果需要修整唇形，则要先用与肤色接近的粉底盖住原有唇线，并扑上散粉定妆。

（3）用唇线笔定点（确定唇峰、唇底部等位置）、连线、修饰、勾勒出满意的唇形。如果需要唇线更固定、妆面更持久，可在画好的唇线上扑些定妆粉再次定妆。如果唇线颜色太深，可用棉棒将唇线向内擦一擦。

（4）勾画唇线。连接确定好的各点，勾画唇线。唇线的勾画有两种方法：一种由嘴角处开始向唇中勾画；另一种是由唇中开始向嘴角描画。

（5）画唇。用唇刷蘸一点无色的润肤油，先滋润唇部，以便于上色。然后用唇刷蘸取需要的唇膏从嘴角开始往唇中部描画，直至涂满嘴唇。还可以选用深浅不同的两种色彩，在唇中部用浅色，过渡到嘴角处逐渐变深，以突出唇部的立体感。

（6）将纸巾置于嘴唇上，用手指轻按。或者将纸巾置于上下唇之间，双唇轻轻抿一抿。一方面让口红能融入嘴唇，唇膏更加服贴；另一方面吸取过多的油彩，让双唇更加自然柔和。

（7）涂高光色。在上下唇中央用亮色唇彩进行提亮，营造立体亮泽的双唇（图5-26）。

注意事项：唇线的颜色要与唇彩的色调一致，并略深于唇彩色。唇线线条要流畅，左右对称；从下唇开始，自内而外一点点涂抹，要求衔接自然、过度流畅；唇彩的色彩变化规律为：上唇深于下唇，嘴角深于唇中部。唇彩色彩的选择要与眼影色、腮红色、服装色等色彩相协调，还要符合模特年龄、性格、职业等身份以及妆容所处的环境；唇彩色彩要饱满，充分体现唇部的立体感。

十五、腮红的晕染

（一）腮红的位置与形状

脸颊以及颧骨是面部最宽阔而显眼的部位，这个部位我们常以腮红来修饰，找到这个部位很简单，就是微笑时面颊颧骨处突起的部位。一般情况下，腮红向上不可超过外眼角的水平线，向内不能超过眼睛的1/2垂直线，在具体化妆时还要因人而异。此外，可以在前额处、下巴突出部位、脸部的边缘轮廓刷上一点点腮红，称为轮廓红，它能增强气色，使整张脸看上去更协调统一。

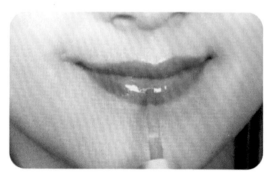

图5-26　唇膏、唇彩的涂抹

腮红按形状分有圆形、扩散形、长条形等类型。圆形的腮红视觉上有可爱突出的效果，扩散形的腮红在视觉上有柔和唯美的效果，长条形的腮红在视觉上有加强立体感的效果，长条形的腮红按方向还可分为横向、纵向和斜向，横向的腮红在视觉上有拉宽脸形的效果，纵向的腮红在视觉上有拉长脸形的效果，斜向的腮红视觉上有瘦脸的效果。

（二）腮红的作用

腮红能增加皮肤的色调以及色彩的层次感，能够给面部增添自然纯美、健康红润的效果，还可以为颧骨和面部轮廓定型，加强脸的生动感和立体感。腮红也常成为化妆师展示女士脸颊美感和改变脸形结构的一种手段；而腮红在额部、眼窝、下巴等处均匀地、有层次地晕开，能使明亮的红色成为一个统一的色调，削弱那些细微的凹凸及皱纹所形成的明暗对比。在一些特定场合，如喜庆的节日，红润的腮红能让整个面部精神起来，起到一种装饰、强调的喜庆作用。

（三）腮红的修饰技法

用腮红来改变脸形，主要是利用腮红的色相、饱和度、深浅和所涂的部位对脸部的结构和形态产生视错觉来改变脸形中的不利因素。如我们在脸颊的凹陷处涂上浅亮的红色时，这个凹陷的部位就会因为浅亮的红色而给人以饱满的感觉，从而达到某种理想的完美形态。

1. 基本修饰手法

涂腮红要注意与周围皮肤的自然衔接与融合，避免在面颊形成一块孤立的红色。先取同色系中较深的腮红色，从颧弓下陷处开始，由鬓部发际线向内轮廓进行晕染，然后取同色系中较浅的色彩，在颧骨上与刚才的位置衔接，由鬓部发际线向内轮廓进行晕染，两色之间过渡自然（图5-27）。腮红的打法有画圈和带扫两种，在颧骨部位进行画圈，可以突出颧骨部位的圆润感，增强面色红润，适合表现可爱、年轻的状态；在颧骨向鬓角发际线扫腮红，

图5-27　腮红的修饰

则可修饰脸形，强调轮廓，用于成熟、优雅或改变脸形的妆容。腮红的晕染还要体现面部的结构及立体效果，在外轮廓颧弓下陷处用色最重，到内轮廓时逐渐减弱并消失。

2. 腮红的色彩选择

腮红的颜色有橙红、粉红、朱红、砖红、浅玫瑰红、玫瑰红、棕红、桃红等多种。由于色彩的纯度、明度不同，腮红色彩的选择要根据模特的年龄、肤色、身份、场合以及化妆方法而定。

如想表现面颊的健康红润感，可选择浅棕红、浅玫瑰红、浅粉红、浅橙红作为腮红色；如希望突出脸部轮廓和结构，则可用偏冷的、偏深的腮红色作为脸颊的阴影色。如用棕红色、深玫瑰红、紫红等色彩纯度、明度均较低的色彩，同时配合明亮、鲜艳的浅粉红、亮粉、橙色等打在阴影色的周围，可强调某个部位凸起、立体的结构。

十六、整体检查与造型

化妆完成后，要全面、仔细地察看妆面的整体效果。检查时可近距离、远距离同时观察，且要从整体到局部认真察看，如果发现问题要及时修补，妆面检查的主要内容如下：

（1）妆面有无缺漏和碰脏的地方，妆面是否干净。

（2）妆面各部分的晕染是否有明显的界线。

（3）眉毛、眼线、唇线及鼻侧影的描画是否左右对称，色调是否统一。

（4）眼影色的搭配是否统一协调，过渡是否自然柔和。

（5）唇膏的涂抹是否规整，有无外溢和残缺。

（6）腮红色的位置和深浅是否一致。

另外，如果带妆时间较长，可在全面检查之后再用蜜粉重新定妆，以保持妆面的持久。

十七、卸妆

一般来说化妆品停留在脸上的时间最好不要超过八小时，活动结束后要立即卸妆，让皮肤得以正常呼吸，这对于皮肤的修护与保养具有重要意义。而在我们周围环境中，还存在着许多伤害皮肤的因素，如污染的气体、紫外线、粉末、尘埃等。即使没化妆，外出回家后都应彻底清洁皮肤。

常用的卸妆用品有卸妆水、卸妆油、清洁霜等，由于脸部不同部位的妆容性质不尽相同，所以还应根据各部位选用专用的卸妆产品，如用眼部卸妆液、睫毛清洗液、唇部卸妆油等进行专业卸妆。

（一）眼部卸妆

眼睛部分的皮肤组织较为脆弱，因此不宜使用一般的清洁用品，应该选择眼部专用卸妆品，并配合最温柔的卸妆技巧，才能干净卸妆，预防皱纹的产生。若戴隐形眼镜者，一定要在卸妆前先取出眼镜，以免化妆品的油脂弄脏了镜片。具体卸妆方法：

（1）首先把少量的眼部卸妆品倒在化妆棉上，完全浸湿化妆棉。

（2）将化妆棉轻轻抹在眼睑上，用手指按摩，使化妆品完全溶解于卸妆油中，然后拿一张干净的卸妆棉擦拭干净后，进行清洗。

（3）如果画了眼线，则需将蘸取卸妆品的棉签靠近画了眼线的皮肤边缘，轻轻滚动将黑色眼线擦拭干净。

（二）睫毛卸妆

眼睫毛涂抹了睫毛膏，或许还触碰了睫毛胶，较难清理干净。而睫毛距离眼睛相当近，卸妆不慎的话，容易使化妆品掉落到眼睛里引起不适，所以动作必须小心轻缓。卸妆品仍应选择眼部专用的为佳。首先取一块化妆棉放在眼睛下方处，然后用沾湿卸妆品的棉签小心地在上睫毛处转动，让清除掉的残渣落在化妆棉上。下睫毛也以同样方式卸妆。

（三）唇部卸妆

唇部的皮肤光滑细嫩，而唇膏、唇彩等油性较强，且具有黏附感，不容易卸干净。如不选择专用的唇部卸妆品，会导致唇部干燥失去光泽。具体卸妆方法：

（1）把少量的唇部卸妆品倒在化妆棉上，完全浸湿化妆棉。

（2）将化妆棉贴于唇部，轻轻由外唇往中间擦拭干净。重复几次，直到看不到有残留的唇膏和色彩。

（四）脸部整体卸妆

当局部卸妆都完成之后，就要进行整个脸部的卸妆了。首先需要根据自己的皮肤类型和化妆的情况选择卸妆产品。卸妆油油性较大，适合卸除浓妆和粉质厚重的妆容；卸妆液则清透不少，可以用来卸一般的生活妆和淡妆。具体步骤为：

（1）首先准备好几块化妆棉，将卸妆品倒在化妆棉上，将其完全浸湿润。

（2）用化妆棉一块块贴于面部，由额头部位开始清洁，渐渐移到眼部鼻子、面颊、嘴部、下颚，还可用手进行按摩，加快残留化妆品的溶解。

（3）将面部残留的化妆品用温水冲洗干净。

（4）取洁面乳倒在手心，打出泡沫。

（5）将洁面乳泡沫轻轻擦在面部、颈部，按摩几分钟后用温水冲洗，并尽可能选择流动的水，如此反复，直至皮肤感觉到清爽干净为止。

（6）擦干皮肤后，取一小片干净的化妆棉，蘸些收缩水（爽肤水）轻拍于脸部，至皮肤完全吸收。此步骤非常重要，能收缩毛孔，使皮肤保持酸碱平衡。

（7）涂上护肤乳、乳液，让紧绷的皮肤得以恢复，并让其吸收乳液中的营养成分。

此外，还可以在涂抹收缩水后，敷上保湿或营养面膜，让皮肤吸收养分，恢复弹性，得到充分的休整。去掉面膜后，再涂上护肤乳和面霜即可。

第六章
面部修饰与矫正化妆

矫正化妆是指在了解人物特点及五官比例的基础上，利用线条及色彩明暗层次的变化，用化妆的手法在面部不同的部位制造视错觉，使面部、五官优势得以发扬和展现，缺陷和不足得以改善，这是化妆师应掌握的基本技能。在矫正化妆中，化妆师关键要在掌握标准五官比例的基础上找"平衡"。所谓的"平衡"有两个含义：一方面是指面部五官要左右对称，当我们仔细观察每个人的面部时，会发现人们的面部五官都存在着微小的差异，如左右眉毛高低不一致、眼睛一大一小等，因此化妆师要运用化妆技巧进行五官对称矫正；另一方面是指在具体刻画某一局部时，化妆师要将这一局部视为一个整体精心描绘，并与整个面部的其他部位达到"平衡"。

第一节　面部轮廓的化妆修饰

脸形与容貌美关系密切，在人的整体形象中占据重要的位置，是五官表现的基础。人的面部由许多块不规则形状的骨骼构成。各骨骼又附着不同厚度的肌肉、脂肪和皮肤。因此形成了角度转折、弧面转折、凹凸转折等复杂的体面关系。由于每个人的面部骨骼大小不一、脂肪薄厚不同，形成了千差万别的个体相貌。脸形的修饰主要是对脸部的外轮廓进行修饰，来改变人的基本面貌。这部分主要通过底妆来完成，即通过不同深浅、冷暖底色的运用，调整脸部结构，增强立体感。此外还可以利用发型来修饰脸形。

一、不同脸形的修饰

脸形是指平视脸部正面时，脸部轮廓线构成的形态，脸形会随年龄和胖瘦的变化而改变。

（一）椭圆形脸

椭圆形脸也称鹅蛋脸，一直以来都被视为东方女性的标准脸形。椭圆形脸的特征是脸部宽度适中，脸长度与宽度之比约为4∶3，从额部、面颊到下颌线条修长秀气，有古典柔美的气质（图6-1）。

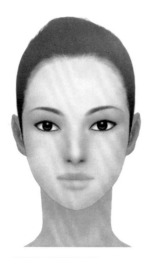  

图6-1　椭圆形脸　　　　　　　图6-2　圆形脸及其修饰

　　脸形的修饰：椭圆形脸不需要刻意改变其脸形。为了突出椭圆形脸这种理想脸形的秀丽轮廓，化妆宜注意保持其自然形状，突出脸部最动人、最优势的部位，可以在下颌及耳根部分涂上一点暗色来加强轮廓，使脸形更趋完美。

　　发型的修饰：椭圆形脸留长发和短发都适宜，它能根据不同的年龄展示不同的良好的形象。但要符合简单、匀称、不复杂的原则，切记弄成太复杂、不对称或者奇怪的发型，也不适宜留厚重的刘海，不宜用头发遮盖太多脸形，要将原本标准的脸形露出来，展现自然的发型。无论是强调脸部两侧的发型或者松散地结个辫子，都会带来很好的效果。

（二）圆形脸

　　圆形脸从整体上看呈圆形，脸部宽度和长度比例接近，额骨、颧骨、下颏以及下颌骨转折缓慢，结构不明显，轮廓圆润，少有棱角。脸的长度与宽度之比例小于4：3，给人以可爱、青春、活泼的感觉，但容易显得稚气，缺乏成熟感。修正方法主要是从视觉上对脸部进行拉长和收窄的修正（图6-2）。

　　（1）脸形的修饰。利用阴影色在外轮廓及两侧的颞部、鬓角线部位、下颌角部位进行晕染，收缩脸形和额头的宽度。利用提亮色强调发际线部位，以提升额头的高度；提亮下颏中央，以增加下巴的长度；提亮鼻骨，使鼻梁高挺，以加长脸的长度，同时在眶上缘、颧骨至眼底处打上亮粉，增强面部的立体感。

　　（2）眉毛的修饰。将眉头略压低些，眉梢略上扬，形成眉峰带些棱角感的弧形眉，也可画作双挑眉，以增加眉毛与眼睛之间的距离，拉长脸形。

　　（3）眼部的修饰。拉长眼形轮廓，增加眼的长度，从视觉上收缩脸的宽度。晕染时应着重上眼睑的描画，并向后晕染，加重眼部结构。眼线可带些角度，要高于眼睛的轮廓并向外向上拉长。

　　（4）鼻部的修饰。眉头适当高一点，和鼻侧影融合后能使鼻子显长。从眉间至鼻尖部位用提亮色使鼻梁增高。提亮鼻梁时可以比原来窄一些，但是一定要注意比例，如果太过狭窄会和圆脸轮廓形成强烈对比，显得不自然。

（5）面颊的修饰。在眼睛的下方至颧骨处涂上浅色腮红，如肉色、浅棕色等。采用斜上方扫腮红的方式，能加强轮廓紧致和收缩感，减弱圆脸形的宽度。还可以在颧弓下方的凹陷处选择稍深一些的同色系腮红色，如浅红棕、棕色等，增强立体感。轮廓红可涂于耳边侧发际和下颌角边缘部位。

（6）唇部的修饰。勾画唇部轮廓时，要使唇峰略带棱角，可让嘴角向上下拉直线，将下唇底部画得平直，可选用偏艳丽的颜色，以局部冲淡整体，从而削弱面部的圆润感。

（7）发型的修饰。圆形脸不能剪太短的发型，不适宜留齐刘海，头发太贴、太塌、太薄都会使整个头部看起来又圆又短。可以留长一点的发型，头发的长线条会使脸形在视觉上有上下延伸的感觉，适合选择露出前额或者遮盖脸部两侧的长发型。优雅的长直发、波浪大卷发、随性的微卷发或是中长的梨花头都适合圆形脸。如果头发少的话，可以在头顶烫出蓬松感，增加其高耸感，如果头发较多，可用梳子倒刮进行打毛处理；头发两侧不太蓬松的发型，可以留些碎发或者留出一些波浪发型遮盖脸形，也可将头发侧分，短的一边略向内遮住一边脸颊，较长的一边可自额顶做外翘的波浪来"拉长"脸形。

（三）方形脸

方形脸线条较直，前额与下颌处宽而方，角度转折明显，棱角分明，脸的长度和宽度相近。男性若是方形脸即所谓的"国字脸"，轮廓刚硬，有阳刚之气，给人稳重、坚强的印象。但是女性方形脸则显得硬朗，缺少柔美、轻盈之感，需要进行圆润的修饰（图6-3）。

（1）脸形的修饰。利用阴影色涂抹在额角、两腮、下颌角两侧，以削弱宽大的额头及下颌，减少脸形四个角的坚硬感，增加面部柔和度。用亮色提亮发际线部位，以提升额头的高度；提亮下巴，以增加下巴的长度。此外，可以选用浅色涂于面部的内轮廓，

强调额中部、颧骨上方，使面部的中间突出。

（2）眉部的修饰。将眉毛画成弧形且微微上扬。高挑眉形就是不错的选择，既能缓解额头两侧的棱角感，又凸显女人味。眉毛的颜色不宜太浓，否则看上去会显得严肃。

（3）眼部的修饰。适合又大又圆的眼形，可以缓和脸部的棱角感，显得柔美靓丽。可加重上眼睑褶皱处眼影，渐渐往后晕染，画出眼部的圆润感。眼线的描画可略粗些，加高上眼线中部的弧度，且眼尾微微上扬，眶上缘使用亮色，可增强眼部的立体感。

（4）鼻部的修饰。提亮色施于鼻梁正中，由眉间至鼻尖晕染，过渡要柔和自然，并加重鼻侧影，突出高耸挺阔的立体效果。如果是偏短的方脸形，鼻梁提亮处应略微收窄；若是偏长的方脸形，鼻梁提亮处可略微放宽。

（5）面颊的修饰。腮红的位置可略提升，要大且是三角形，在颧骨下缘凹陷处晕染。腮红的色彩不宜太艳丽，偏肤色、中性柔美的桃粉红、橘粉红、珊瑚红色等都较适宜。腮红要以打圈方式或由颧骨向斜上方扫，能使脸圆润并有收缩感。此外可以将轮廓红涂于两额角边的侧发际、两下颌角边缘处，能增强气色。

（6）唇部的修饰。方脸形适合弧度变化很大的唇形。两唇峰不宜过近，唇形可描画得圆润些，下唇画成圆弧形为佳，并形成浅浅的下唇峰，可以削弱面部的棱角感。

图6-3　方形脸及其修饰

（7）发型的修饰。这种脸形的人不能留齐刘海，发梢长度不能正好到下巴的长度，分缝不能太靠边。可留长一点的柔和发型，头发宜向上梳，而不宜把头发压得太平整，耳前发区的头发要留得厚一些，但不宜太长。前额可适当留一些长度中等的偏中分或有卷度的发型；还可在头顶部位加入重量感，使其稍蓬松，而两侧发量剪得服帖，并在前额形成柔美的波浪式；建议进行烫发。因为脸形本身就是棱角分明，如果头发也是顺垂必定更凸显脸部的轮廓，烫成层次分明的发型可以让视线偏向头发，用柔和的头发曲线中和脸部的硬朗线条。

（四）长形脸

长形脸也称"申字脸"，从正面看，脸形的外轮廓整体较长，额头与脸颊的宽度基本接近。两颊消瘦，面部肌肉不够丰满，三庭过长，大于4∶3的面部比例。给人严肃、成熟和忧郁感（图6-4）。

（1）脸形的修饰。长形脸的修正方法与圆形脸相反，力求用颜色使长脸横向延伸。可以用阴影色在额头上方、前额发际边缘及下颌骨下方晕染，提亮颧骨、脸颊两侧，在眼窝处使用阴影色，眶上边缘用亮色，增加面部的立体感。

（2）眉部的修饰。适宜描画平直、宽松而略长的眉形。眉毛不宜过细，适当加粗以扩充前额的宽度，从而使整体脸形横向拉长。眉眼间距比较大的，可以把眉毛的上部修掉一些，再将下部用眉笔精致地添画，以减少眉眼的间距。除非眉眼间距很近，否则

尽量不要在长脸上画上挑的细眉，这样的眉形会使脸形显得更长。

（3）眼部的修饰。配合拉长的眉毛，可加重、加宽外眼睑部位的眼影，可做横向拉伸；下眼睑处的眼影可适当向下晕染，以扩充眼部的面积。上眼线描画时可在外眼角处适当加长拉宽，下眼线可稍加点缀，使眼睛显得大而有神。

（4）鼻部的修饰。避免强调整个鼻梁的立体效果，那样会使脸形更长。应适当弱化鼻侧影或使鼻侧影窄而短，鼻梁在最高处稍做提亮即可。如果化妆对象是长形脸，又是塌鼻子，那么可选择分段式的立体调整，如提亮鼻根处、加重眼窝处的侧影；或提亮鼻梁处、加重鼻梁处的侧影；或提亮鼻头、加重鼻翼处的侧影，三处不可同时进行。

（5）面颊的修饰。腮红应横向晕染，自然过渡至鼻梁。颧骨外缘略深，向内逐渐变浅，这样可丰满面颊，缩短脸的长度。若脸形宽而长，腮红应斜向晕染，由颧骨斜向下渐淡，也会起到改善脸形的效果。还可在鼻尖、下巴、额头上适当加一些轮廓红，增强气色。

（6）唇形的修饰。可将上下唇均加厚些，画成饱满丰润的唇形来弱化下巴的长度。唇峰的勾画略向外，唇底部勾画略宽些，可使唇形圆润饱满。

（7）发型的修饰。长形脸不能留又长又直的发型，切勿头发两侧太贴，头顶发型不宜过高。要想让长形脸的人显得柔美必须考虑注重横向感的修饰，尽可能不要将头发中分。可以留长度适中的发型，适当的齐刘海能遮住高高的额头，让视觉转移到眼睛以下部分，但是不要让刘海贴在额头上。要增加两侧的蓬松度和层次感，可将头发梳成饱满柔和的形状，让脸有圆润的感觉，增加脸形、头型和发型的宽度，让脸长宽比例更和谐；建议烫大波浪卷发，让发型出现自然的弧度，塑造其膨胀感和宽度。

（五）正三角形脸

正三角形脸也称"由字脸""梨形脸"。从正面看，脸部轮廓上窄下宽，下颌骨宽大，角度转折明显，使脸的下半部宽而平。这种脸形给人以安定

图6-4　长形脸及其修饰

感，但易显迟钝、老气，使人脸部下垂，易显胖（图6-5）。

（1）脸形的修饰。可用阴影色涂在两腮及下颌骨两侧宽大的部位，在下巴的底部与脖子的连接处晕染，以收缩面下半部体积感。用提亮色涂于前额额角、颞部、鬓角线、眶上缘及颧骨外上方，增加额头和脸上部的宽度。同时也可在下颏中部使用亮色，使其突出。

（2）眉部的修饰。眉宇间距可略宽些，眉毛适当向脸廓外缘延长，眉峰的位置略向外移，眉形的总体倾向要有一定的弧度，能体现立体感与层次感。此外，眉色要浓淡相宜，疏密错落，以形成生动活泼的眉形，转移人们对宽大下颌的注意。

（3）眼部的修饰。应增强眼部的魅力，把人的视觉重点向上移。上眼睑的眼影重点是描画外眼角，可适当向斜上方斜向晕染，下眼睑也应在外眼角处稍加点缀，上下呼应。眼线可适当拉长并上扬，这样可使上半部分脸形增宽。

（4）鼻部的修饰。上半部脸的重点已经在眉眼上，就不能强调鼻根处的修饰了，否则会使本来就窄的上半部脸显得太过拥挤。因此，适合将鼻子修饰得自然些，提亮鼻梁处，并略微收窄。如果鼻翼过宽，应用阴影色修饰。

（5）面颊的修饰。宜选用浅色具有膨胀感的腮红，如肉红色、淡桃红色、浅朱红色等，横着扫于额头两侧、太阳穴及颧骨处，能使额头有加宽之感。选用深色腮红，如红棕、棕色等，涂于颧弓外下方陷

处，能使面颊有立体感。轮廓红可涂于下颌角边缘。

（6）唇部的修饰。不能刻意强调嘴唇，否则会让人更注意到大而宽的脸颊和下颌，要弱化唇形和唇色，稍稍体现嘴唇的圆润感即可，适合用浅色唇膏和透明唇彩，增加亲切感。

（7）发型的修饰。这种脸形不适合中分和任何过短的发型，也不适合直发，发型应能保持额头的宽度，可将头顶两边的头发烫出一定的蓬松度，使脸的宽度差距缩小。选择线条柔和的，如有卷度或波浪式、中长至肩部的发型，都能遮挡宽大的下颌。刘海可削薄薄一层垂下，最好剪成齐眉的长度，使它隐隐约约表现额头，用较多的头发修饰腮部。

（六）倒三角形脸

倒三角形脸也称"甲字形脸"。它与正三角脸形正相反，从正面看，脸部轮廓上大下小，上宽下窄，前额较宽，下颌较窄。脸形轮廓清秀，给人以俏丽、聪慧、秀气的印象，但也会显得单薄、柔弱，给人留下一种病态的感觉（图6-6）。

（1）脸形的修饰。脸部的矫正与正三角形脸形相反，主要强调缩短上部、拓宽下部的效果。阴影可涂在额头两侧的颞部、鬓角线、下颏尖部位，以收窄额头和脸上半部分的宽度。提亮色用在脸颊两侧、下巴两侧，颧弓下方消瘦的部分，以丰满面部外形，缓解尖瘦的感觉。

（2）眉部的修饰。眉形不应过分强调棱角，眉宇间距离可适当缩短。理想的眉形应该是自然柔和的

图6-5 正三角形脸及其修饰

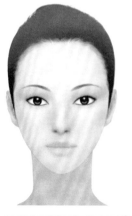

图6-6 倒三角形脸及其修饰

圆弧形，眉峰略向内移。眉梢若是深色，应变为淡色，并自然的消失。这样，由两边的眉峰、外眼角和下巴所形成的夹角变小，可在人的视觉上减弱上大下小的感觉。

（3）眼部的修饰。适合圆润的大眼睛，以缓和脸形的棱角感。应着重上下眼睑内眼角处的眼影描画，但面积不宜过大，把人的视觉往中间移。上下眼线描画要适中，不宜过长。

（4）鼻部的修饰。适合小巧挺拔的鼻形，圆润可爱的鼻头。可以加重鼻根处的提亮和眼窝处的侧影，在鼻梁中部涂亮色，能增加鼻子的立体感，缓解尖刻的脸形。

（5）面颊的修饰。由于面颊消瘦，腮红可做横向晕染，但过渡要自然，不要形成大面积的色块。可选用深色腮红涂于额头两侧与发际线相连，选择明亮些的腮红，如粉红、橘红、肉红色等横扫于颧弓下陷处，使脸颊圆润些。

（6）唇部的修饰。唇形要丰润些，但唇形不宜过大，描画上唇时沿两边嘴角微微上翘，产生微笑的形态，能给人甜美温婉之感。下唇底部稍稍加厚可以缓解下巴尖长的感觉。唇色可选择艳丽的色彩，使整体妆面更为突出。

（7）发型的修饰。倒三角形脸不适合盘发、束发等造型，因为这样做会完全露出额头，显得额头更宽。要想脸部上下均衡，必须柔美地修饰下颌。应该尽可能把头发留到下颌部或者披肩位置，额头不宜暴露过多，头发长度到脖子或者超过下巴两厘米为宜；发梢稍稍烫卷往外翻，造成加宽下颌的效果，以达到平衡，留一些斜刘海或齐刘海可以缩小前额的宽度；头顶可以打毛或者烫蓬松，使得宽大的额头不过多显露。

（七）菱形脸

菱形脸形也称"申字形脸"，西方人称作钻石脸。从正面看，菱形脸的人面部一般较为清瘦，额头较窄、颧骨突出、两腮消瘦，尖下颏，脸形单薄而不丰润。容易给人留下尖锐、敏感、冷淡、清高、不易接近的印象（图6-7）。

（1）脸形的修饰。在颧骨及脸颊两侧宽大处用

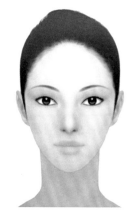

图6-7　菱形脸及其修饰

阴影色，来修饰过高的颧骨和过宽的两颊，使之柔和变窄。提亮额头两侧的颞部、鬓角线、两额角及下颌两侧消瘦的部位，以增加额头的宽度，使脸形轮廓变得饱满圆润。

（2）眉部的修饰。眉形应纤细柔和，自然舒展，眉宇间距适当拓宽，眉峰的位置略向外移。眉尾适当向脸廓外缘拉长，但不可下垂，以有一定弧度的拱形眉最为适宜。

（3）眼部的修饰。眼影的重点向中间晕染，或加重内眼角处的眼影，下眼睑的眼影可适当向外围晕染，上眼线可适当加长且尾部上扬，能将注意力转移，忽视两侧的高颧骨。

（4）鼻部的修饰。适合圆润小巧的鼻形。鼻侧影不宜修饰过窄，应着重表现鼻梁挺阔的效果，鼻子提亮和阴影之间的转折处一定要晕染柔和，过渡自然。

（5）面颊的修饰。选用浅色淡雅的腮红，如肉红色、淡桃红色、浅朱红色等，先在颧骨上晕染，颧弓下方颜色逐渐加深，逐渐过渡到耳根，然后横扫额头两侧至发际线。可选深色腮红涂于下巴后陷处，这样可以使额头与脸颊都圆润起来，减少棱角感，体现面部自然柔和的红润感。

（6）唇部的修饰。唇形应圆润一些，唇峰不可过尖，下唇唇形以圆弧形为宜。唇色可略鲜明，用来转移对脸形的关注。

（7）发型的修饰。发型要尽量重点考虑颧骨突出的地方，要用头发修饰一下前脸颊，掩饰棱角，缩短两腮的间距，塑造出柔美的形象。此种脸形的人不适

宜留直发、短发，可以留中长发，到下巴处烫卷向外卷，增加下半部分的分量感。可以将头顶烫蓬松，增大头顶的面积，让视觉忽视颧骨的高宽，把额头头发做蓬松或者刘海，拉宽前额头发量，还可以留毛边发型等。

二、面部立体感塑造与矫正

（一）面部凸出的结构部位

额部、颧丘（额中间部左右各一、呈圆丘微凸状）、眉弓、眶上缘、鼻梁、颧骨、颧丘、下颌角、下颌骨、下颏、下颏丘等。

（二）面部凹陷的结构部位

额沟（即额丘与眉弓之间的沟状浅阴影）、颞窝、眼窝（即眼球与眉骨之间的凹面）、眼球与鼻梁之间的凹面、鼻梁两侧、颧弓下陷、人中沟、颊窝、颏唇沟。

为了更好地塑造脸部立体感，收紧脸部轮廓，可以选择深浅不同的粉底。中度深浅的粉底为基底色，最接近自然肤色，直接涂抹可以均匀肤色；较深的粉底有收敛作用，一般可利用其塑造脸部缩小或凹陷的状态；浅色的粉底有提亮作用，可以用来强化脸部需要突出的部位，使脸形更立体紧致。

（三）面部立体感塑造方法

西方人面部结构立体，显得成熟、个性化，但棱角过于分明，缺少柔美感；东方人面部结构柔和，面容温和、甜美，但显得不够生动，甚至有肿胀感。为了使得面部达到一种平衡和谐的美感，我们通常需要用阴影化妆的手法来进行面部立体感塑造。

在塑造时需要注意：脸部两侧是最深色调，暗影基本涂在发际、脸廓和下颌边缘，可用海绵轻轻涂匀，呈现自然阴影，让脸庞轮廓更显分明。鼻子两侧、眼窝等是次深色调。亮色调主要用在脸部结构需突出凸起的轮廓和脸部"T"字部位（额头、鼻梁、下巴、眉骨等是最亮处）。次亮色基本涂在两颊颧骨上侧、眼睛下方、外眼角外侧半圆处（图6-8）。当然，具体还应根据化妆对象的脸形、脸部凹凸状况做更仔细地观察。若是面部额头、颧骨下颌等部位有些缺陷，还需利用不同的矫正手法加以塑造。

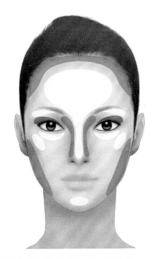

图6-8 面部立体感塑造区域

（四）额头、颧骨和下颌的矫正

1. 额头的矫正

额位于脸的最上端，标准的额为面部的1/3，男性的额骨较方，眉骨突出，起伏明显。女性的额骨圆而饱满，微向上突起，并平稳地过渡到鼻根部，弧度优美流畅，从额部至鼻尖形成一条柔和自然的"S"形曲线，使容貌呈现起伏有致的曲线美。需要矫正的额头类型主要有以下几种：

（1）额部扁平。额头没有弧度，缺少圆润感，成平直状。

矫正方法：重点在于增加额部的圆润感。在额丘部位涂浅亮的粉底，额两侧涂深色粉底，顶部发际边缘涂轮廓红（图6-9）。

（2）额部后倾。眉骨凸起而额头向后倾，缺乏立体感。

矫正方法：眉骨部位用阴影色收敛，在额部加强亮色的使用，特别是额上半部要重点提亮。额上边缘发际线涂轮廓红，使额头中央有向前突出的视觉效果。额头连接发鬓角部位涂一些阴影色过渡，并借助于适量发型遮挡。

（3）额部前突。额部过于饱满外突，额中部弧度明显，两侧狭窄。

矫正方法：需要在整个额头部位用深一些的粉底上色，或涂抹深色修容粉，削弱中部凸起的感觉。额头两侧眶上缘的位置要提亮，使两侧加宽，还可借助两侧蓬松的发型增强效果（图6-10）。

（4）宽额。额的宽度长于面部长度的1/3，额显得很宽。

矫正方法：在额的上边边缘发际线处以及四周用阴影色涂抹，使其显窄，还可利用发型遮盖部分额头。

（5）窄额。额的宽度小于面部长度的1/3，额显得过窄。

矫正方法：修饰重点在于除去一些发际边缘的毛发，使额显宽。这种方法也称为"开发际"。

（6）额部起伏不平。一般是额丘过突、眉弓高、额沟过凹，这样的结构较硬朗、不柔美。

矫正方法：可以用亮色提亮额沟，浅阴影收额丘和眉弓，但一定要注意过渡衔接自然。

（7）颞部过凹：表现为颞部凹陷，面部棱角凸显，人易显得憔悴、苍老。

矫正方法：用提亮色涂抹颞部使其饱满，并与额部、颧骨自然衔接。

2. 颧骨的矫正

颧骨位于面部三分之一的两侧，是构成面部轮廓的主要框架结构，它通过与

 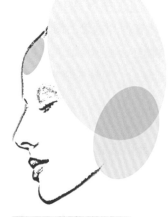

图6-9　额部扁平矫正　　　　图6-10　额部前突矫正

鼻、颞部和面颊的关系来影响面部立体美感。由于东方人脸部立体感差，如果颧骨过高，会影响面部的柔和感，而加上颧弓过于突出，颞部和两颊会显得凹陷，形成菱形脸，影响脸形美观。不论是颧骨突出，还是颧弓突出，都可以通过底色的修饰进行适当改善。

在突出的颧骨和偏宽的颧弓部涂以阴影色，可以有效的减弱颧骨的突出感；而对于颧骨扁平之人，则可以在其颞部、眼下方和两颊凹陷、颧弓下陷处涂亮色，增加立体感。腮红的涂抹也可以从视觉上改变颧骨的结构和状态。

（1）腮红修整颧骨扁平。从颧丘部位开始，向上起至眉峰，向下延至下颌，形成脸部的"分割线"。"分割"线以外的色彩渐冷渐深，"分割线"以内的色彩渐暖渐浅。这样，就区分了脸部的明暗或冷暖色块。在这条"分割线"上将腮红涂得宽一些，向上、向下、向里、向外做渐变晕染，涂抹手法以画圈的方式为主，自然地与周围的色彩过渡柔和即可（图6-11）。

（2）腮红修整颧骨宽凸。过分宽大凸起的颧骨，会使脸形宽而平。可以用腮红来转移人们的视线，间接地减弱对宽大颧骨的视觉感。将腮红的位置稍加移动，把颧骨的内侧设为凸起的最高处，涂上腮红色，这样就在颧骨上形成一块新的色彩高光部位，隐去了原来颧骨的位置。涂抹时，腮红要向斜上方扫，以使脸部有紧致和消瘦感（图6-12）。

3. 下颌的矫正

下颌是指唇部以下的部分，包括下颌骨和下颏。

标准的下颌应适度前突，下唇与颏之间有明显凹陷，颏颈之间宜有明显角度。理想的下颌是下颌骨圆润，下颏与颏呈水平面，与唇之间形成颏沟。女性下颌圆润，弧度转折缓慢，窄于颧骨。男性下颌方而有角度，与颧骨基本呈垂直状态。闭紧双唇时，从侧面看，唇部前缘应位于鼻尖与下巴前缘连线以内。下颌的矫正主要是对下颌骨与下颏的矫正：

（1）方下颌。下颌骨角度转折明显，颌结节大而突出，使脸的下半部为方形，缺少柔和感。

矫正方法：在下颌骨的颌结节处涂阴影色，下颏上涂亮色和少许腮红，使下颏变得饱满突出。

（2）下颌过尖。下颏过长，下颌骨窄小，颌结节不明显，脸的下半部显得尖长。

矫正方法：将阴影色或深色粉底涂于下颏部位，两腮部涂亮色到耳根，并在腮部的亮色边缘加少许轮廓红，使下颏的长度得到收敛，两腮显得圆润饱满。

（3）下颌过短。下颏与下颌骨呈平等状，使脸形显宽显短，看上去幼稚、孩子气。

矫正方法：将亮色涂于下颏中央部位，下颌两侧略用阴影色收敛，并过渡到下颏中央的亮色，同时面部的其他部位也适当向中间收敛（图6-13）。

（4）下颌过长。嘴唇到下巴尖的距离太长，超过"三庭"中"一庭"的标准长度，使人显老。

矫正方法：下巴底部延伸到脖子处要加强阴影色的使用，还可以加重颏唇沟的阴影，提亮下巴中央（图6-14）。

（5）颏沟过深。下颏向前探，颏沟明显，使人显

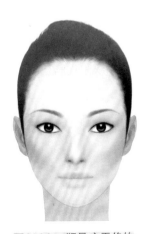   

图6-11　颧骨扁平修饰　　　图6-12　颧骨宽凸修饰　　　图6-13　下颌过短矫正　　　图6-14　下颌过长矫正

图6-15 下颌前倾矫正

图6-16 下颌后倾矫正

得不够沉稳。

矫正方法：颏结节部位涂阴影色或深色粉底收敛，颏沟部位涂略浅的粉底，使颏沟显得浅一些。

（6）平下颌。下颌后倾，与唇之间没有颏沟，面部显得平淡，缺少层次感。

矫正方法：将亮色涂于下颌的颏结节部位，使下颌突出。下颌与唇之间涂略深的阴影色进行晕染，使下颌与唇之间显出凹凸结构。

（7）下颌前倾。下颌前倾，显得嘴唇部位后缩，有衰老感。

矫正方法：需要在下颌处用稍暗底色，暗化下颌尖部位，使下颌有后退的视觉效果。此外还可以加强唇色的效果，淡化对下颌的注意（图6-15）。

（8）下颌后倾。下颌后倾会造成嘴唇部位前突，有稚嫩、未成熟之感。

矫正方法：需要在下颌处加强亮色的使用，并加重颏唇沟的阴影，使下颌有向前突出的视觉效果。还需要注意嘴唇的化妆不要太突出，唇色、唇形都要弱化，以降低视觉感（图6-16）。

第二节 五官局部的化妆矫正

一、眼部的化妆矫正

眼睛的矫正化妆，可利用色彩的明暗变化和线条的粗细变化来体现，即采用综合性的矫正方法来修饰。

（一）双眼皮（双眼睑）

上眼睑处的双眼皮褶皱线明显的眼睛统称为双眼皮，双眼皮的眼形比较好看，是标准的眼形之一。但是双眼皮分为外双眼皮和内双眼皮两种。外双眼皮的双眼皮褶皱线明显，双眼皮比较宽，看上去舒适、美观，不需要修饰（图6-17）。内双眼皮的双眼皮比较窄，双眼皮褶皱线前半段不太明显，睁大眼睛基本与上眼线重叠，若要修正的话，可以贴美目贴，让其变为标准的外双眼皮，操作方法参见第二章美目贴的使用方法。

图6-17　双眼皮

图6-18　单眼皮的美目贴粘贴部位

图6-19　单眼皮及其修饰

（二）单眼皮（单眼睑）

上眼睑处没有双眼皮褶皱线或者双眼皮褶皱线太窄，这类情况一般都称作单眼皮。单眼皮的上眼睑一般皮肤较紧或者有些浮肿，眼睛显得较小。单眼皮本身并没有好看难看之分，关键是看脸部五官的整体比例，若是需要调整可以参考以下方法：

（1）美目贴。如果眼皮较松、较薄，能贴美目贴修饰成双眼皮最好。特别是一些上眼睑边缘被遮挡住的眼睛，贴上美目贴，使上眼睑边缘轮廓露出来，才能有地方画上眼线（图6-18）。

（2）眼线。在上下眼睑的边缘画上略粗的眼线，加宽眼睑边缘的厚度，且上眼线在外眼角处顺势作加宽延长，以增加眼部神采。

（3）眼影。在上眼睑睫毛根部，用较深的冷色，如咖啡色做向上晕染，根部晕色较深，逐渐向外过渡柔和，后用亮色眼影粉涂于眶外缘处，强调眼部的层次感。下眼睑处的眼影和上眼睑相呼应，也可略向下晕染，使眼睛显得大而有神。还可根据眼睛结构，在距上睫毛线约5毫米处，使用咖啡色，并逐渐向上晕开呈自然弧形，然后在其下部与睫毛根部之间用亮色涂抹，造成"假双"的修饰效果。此画法有一定难度，关键要感觉真实、自然。

（4）睫毛。可以用睫毛液或粘贴假睫毛，增加

眼睛的立体感（图6-19）。

（5）眉毛。眉毛不宜修饰得过细，可略粗些。

（三）细长眼

细长眼俗称眯眯眼。眼裂宽度过长，很窄，弧度小，出现半月状，是典型的东方人特征，有时细长眼睛有独特的韵味，不要盲目地去画大，否则会很不自然。如果需要改变细长眼睛，可以用以下方法进行矫正。

（1）美目贴。如果长眼睛是内双的话，则可用美目贴把双眼皮先贴宽一些，便于画上眼线。

（2）眼线。眼线可选用深色系，从眼睑边缘的眼角到眼尾画满，使眼裂放宽。并在眼球的位置，即上眼线中央部位加粗，两头略细，但不可延长，且要过渡自然。眼尾处眼线不要拉伸，可在不到外眼角处稍稍起翘。在下眼线外眼角处加粗，并用浅色画内眼线。下眼线不必与上眼线汇合，以免将眼睛画得死板（图6-20）。

（3）眼影。眼影色的重点在上眼睑的眼球中部做相对集中的晕染，可略微向上晕染，向眉毛处过渡。宜选用暖色，如橙色、粉红色等，靠近内眼角及外眼角处做淡化处理，并在眶上缘施用亮色，增加眼部的立体感。

（4）睫毛。可以贴上一副假睫毛，使眼睛看上去显得大而明亮。但是注意千万不能贴斜向的假睫

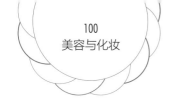

图6-20 细长眼及其修饰

图6-21 圆眼睛及其修饰

图6-22 上斜眼的美目贴粘贴部位

毛，那样会使眼睛显得更长。

（5）眉毛。眉毛可随眼形描画，不要描得太粗或太深，也不要与上眼线的弧度一致，避免眼睛在与眉毛的对比之下显得更小而细长，可修饰得纤细、自然些，并适当缩短眉尾的长度。

（四）圆眼睛

圆眼睛的上眼裂呈明显的圆弧形，内眼角与外眼角的距离较近，给人清纯、机灵的感觉。圆眼睛有时候会显得不够成熟，如果内眼角再不明显的话就是俗称的"杏仁眼"。矫正方法：

（1）眼线。主要用眼线适当修饰延长内外眼角的长度。上眼线的描画应由内眼角至外眼角逐渐变粗，尾部可略加宽延长，向上挑，瞳孔上方的眼线保持原有的宽度尽量平直；下眼线应描画得平直，尾部可略向外加长，可以通过一个尖的转折和原来的内眼角下眼睑轮廓边缘相接（图6-21）。

（2）眼影。眼影应做横向晕染，拉长眼形。内眼角处可向鼻根处晕染；外眼角则向外上方晕染，眼部中间的眼影晕染不宜过高，在眶上缘处施用亮色。将内眼角和外眼角处的眼影晕染到最深。

（3）睫毛。适合贴斜向的假睫毛，把眼睛形状拉得长一些。

（4）眉毛。眉毛不宜描得太弯，适合带些棱角而长的眉形，眉峰位置也不宜在瞳孔上方，建议向后移一些。

（五）上斜眼

上斜眼又称"吊眼"，其内眼角低、外眼角高，眼轴线略向上倾斜，给人精神、机敏、高傲的印象，也会给人厉害的感觉。但是如果眼轴线的倾斜度过高，就形成了外眼角明显高于内眼角的形态，俗称丹凤眼。在化妆之前，首先要从整体上观察，是改变内眼角有利，还是改变外眼角有利，或是将两个部位同时改变。矫正方法：

（1）美目贴。如果上斜眼是严重的内双时，则没有地方画内眼角处的上眼线，需要修剪一条前粗后细的美目贴，先把内双眼皮贴成外双眼皮，再画上眼线（图6-22）。

（2）眼线。上眼睑在描画眼线时，应加宽内眼角处的眼线，在眼睛中间逐渐变细，到外眼角时向下拉。外眼角处落笔要低，甚至可齐睫毛根部描画，至内眼角处可适量加宽、加粗。若选用深棕色，采取下深上浅的画法会使人感到更真实；画下眼线时，从外眼角睫毛根部起笔横向进行，笔画由粗变细，渐渐往内眼角方向，收在瞳孔下方。

（3）眼影。加重内眼角上方的眼影，在上眼睑内眼角的上端先用橙色、粉色等浅淡的颜色作横向晕染，使其产生扩张延伸感，适当提升内眼角的高度。外眼角上方可用偏冷的颜色，如绿色、紫色等，微微向下晕染，使其部位产生收缩、下降感。下眼睑外眼角处的眼影色可适当向外晕染（图6-23）。

（4）睫毛。用睫毛液多次刷染内眼角及眼睛中间部位的睫毛，加强内眼角部位黑白对比的立体感。

（5）眉毛。配以略弯曲的拱形眉，可缓和上斜眼的斜度，在视觉上进行矫正。

（六）下斜眼

下斜眼的内眼角高，外眼角低，眼轴线倾斜向下，外形特征与上斜眼相反，也称为"垂眼"。这种眼形除了遗传因素之外，还与年龄的增长、上眼睑皮肤松弛有关。人老了皮肤松弛后，外眼角部分会遮盖原来眼睛的上眼睑边缘，形成外眼角下垂的眼形。下垂的眼睛会使人看起来忧郁、衰老、无精打采。矫正方法：

（1）美目贴。下斜眼如果是双眼皮，而且是前宽后窄的双眼皮，双眼皮褶皱线向下时，需要修剪一条前细后粗的美目贴，将其剪得平缓些贴于上眼睑，以改变眼睛的形态。如果眼皮特别松弛挡住了外眼角，就先用美目贴将外眼角下挂的眼皮撑起来后再进行修饰（图6-24）。

（2）眼线。下斜眼不仅是本身的眼睛轮廓下垂，外眼角的皮肤延伸处还有深色的阴影凹陷。所以必须先用亮色的粉底或遮瑕膏提亮发暗下垂的外眼角延伸线。画眼线应根据外眼角下斜的程度适当提升落笔位置，用眼线笔在上眼睑边缘画一条前细后粗的眼线，到外眼角处自然地向上挑，向内延伸时则不用一直画至内眼

角，可在中间位置淡出。下眼线从中间部位开始描画，沿着下睫毛根部向外眼角延伸，并与上眼睑的眼线自然会合，形成新的外眼角，并在尾部加粗及上扬。

（3）眼影。上眼线在外眼角处向上挑起后，使原来的眼睑缘与新画的眼线之间形成了一个角度，在这个角度内涂上浅色眼影可以衬托出上眼线，使外眼角明显抬高。在新画的上眼线上方涂深色眼影，使眼线与眼影融合在一起，新的外眼角便更具真实感。注意要着重外眼角上方的晕染，颜色可选用砖红、橙色等暖色系，晕染方向应向上、向外。内眼角上方的眼影晕染面积不宜过大，可选用冷色，如玫红色、蓝紫色等。下眼影则不宜强调外眼角，可在内眼角下部略加棕色晕染（图6-25）。

（4）睫毛。用睫毛夹将外眼角部位的睫毛，夹卷成形，然后涂刷睫毛膏。向上翘立的浓黑睫毛，除了能使往下挂的眼角有所改观外，还能在一定程度上遮盖上眼睑的化妆痕迹。不能贴斜向的假睫毛，否则会

图6-23　上斜眼及其修饰

图6-24　下斜眼的美目贴粘贴部位

使眼睛看上去更加下垂。

（5）眉毛。应根据眼睛倾斜的情况做适当上扬或平直的修饰。

（七）凹陷眼

由于眼睑部皮下脂肪薄，使眶上缘明显突出，眼窝出现凹陷的状态。这样的眼睛显得老气，人看上去骨瘦如柴，没有精神，比较憔悴。矫正方法：

（1）眼线。凹陷眼形的眼线不宜过细，上眼线由内眼角向外眼角描画，在睫毛根部加深，边缘柔和，尾部略上扬。整个眼线的色彩最好由深浅两种颜色组成，靠近睫毛根部用黑色，黑色的上部用咖啡色晕染过渡，形成一条饱满自然有立体感的眼线。

（2）眼影。欲使眼睛显得丰满，首先，要用色彩来调整结构。由于暖色和亮色具有扩张感，可以在凹陷的眼窝处涂浅暖色系或浅色珠光眼影，能使凹陷的部位显丰满。其次，应减弱眶上缘部位的明亮度，使眼窝和眼眶的明暗反差消失，产生丰润的感觉。当然还可以根据情况将眼形勾画出近似平行四边形的效果，配上凹陷的眼窝结构，体现出欧式的立体妆容，但是这样必须搭配立体感强的脸部结构才会协调（图6-26）。

（3）睫毛。加强睫毛的立体感，浓密的睫毛会使人的注意力转移到眼睛本身的轮廓上去，而忽略凹陷的眼窝。

（4）眉毛。眉毛的描画应配合眼影的色彩效果，随眼睛弧度自然描画，但不可过粗。内眼角上方的眉头不要描画得太深，眉头的鼻侧处也不宜涂深色，柔和的色彩能使眼窝部位的色彩反差减弱，变得较柔和饱满。

（八）眼睑浮肿

上眼睑的皮下脂肪过于丰满，骨骼结构不明显，就会显得浮肿，也称肿眼

图6-25 下斜眼及其修饰   图6-26 凹陷眼及其修饰

泡。给人的印象是沉着稳重、忧郁、不开朗。由于上眼睑的鼓突，使得眉弓、鼻梁、眼窝之间的立体感减弱，也影响眼睛的美观。要改变眼睛肿的情况，可以将眼下方、眶上缘、眉弓、外眼角外侧提亮，具体修饰方法：

（1）眼线。将上眼线画得略宽，中间尽量平直，尾部可略上扬；下眼线尾部着重描画，但不宜过粗，画至眼中部可自然淡出，用明亮的眼部神采来减弱眼睑浮肿的印象。

（2）眼影。应着重骨骼结构的体现，重点在上眼睑沟处用偏深的结构色晕染，但面积不宜过大，可用蓝灰、紫灰、绿灰等冷灰色调涂于上眼睑浮肿处，产生收缩、后退的效果。还应在鼻梁骨、眉弓骨、外眼角和眉梢的连线位置涂抹亮色的眼影粉使其突出。另一种方法是，运用水平晕染，由睫毛根部颜色最深处逐渐向眉毛处渐淡，颜色可选择棕色、褐色等结构色。若下眼睑浮肿，同样可使用偏深而柔和的粉底或眼影色进行遮盖（图6-27）。

（3）睫毛。自然柔和，避免太过加强睫毛的立体感，那样会带动整个眼部向前凸起。

（4）眉毛。眉毛不宜修饰得过细，应画成中等粗细而略带弯曲，避免弧度较大的眉形，适合带些棱角的眉形。

（九）两眼距离过窄

两眼间距过窄是指两眼间距离小于一只眼睛的长度，虽然有机灵和敏锐之感，但也会在一定程度上造成拘谨、内向、严厉的印象，还会使鼻梁偏窄。矫正方法：

（1）眼线。外眼角处的眼线略向上方延伸，向外拉长；内眼角的眼线要逐渐变细。眼睛大的将上下眼线靠近后汇合，眼睛小的先分离后再汇合，但应根据实际情况做出适当的调整（图6-28）。

（2）眼影。要把眼影的重点移向外眼角，晕染面积可向外延伸。但外眼角所做的延伸不能过多，否则会因为外眼角向外扩延而使黑眼珠靠近，看上去像"对眼"。

（3）睫毛。将外眼角部分的睫毛用睫毛夹夹卷后再涂染睫毛膏。如需粘贴假睫毛，一定注意把睫毛的重点向后移，如在靠近外眼角处粘上一小段假睫毛，能从视觉拉开双眼距离，效果更好。

（4）眉毛。画眉毛时，如果眉形合适就在颜色上淡化眉头，如果眉头较近就要修除一些眉头的眉毛，将眉头略向后移，适当延长眉尾，使两眉间距拉开，让距离约等于一只眼睛的长度。

（5）弱化鼻侧影。淡化鼻根处的立体感，让视觉从两眼之间的最窄处移开。

图6-27 眼袋浮肿及其修饰

图6-28 两眼间距过窄及其修饰

（十）两眼距离过宽

两眼间距大于一只眼睛的长度，会使眉间、鼻梁、内眼角这个脸部的重要地带显得平板、松散，缺乏立体感，若间距太大还会给人精神不集中的感觉。矫正方法：

（1）眼线。在描画眼线时，上眼睑的眼线在内眼角处可向前探入2～3毫米，称为"开眼角"，且前半部眼线略粗重，至外眼角时逐渐变细，但不可拉长，要强调前重后轻，前浓后淡的效果。

（2）眼影。加重内眼角处的眼影晕染。如选择深色、冷色系眼影都能让眼窝深入，并与鼻侧影自然衔接，塑造立体感。眉梢处外眼角的色彩与线条要简单、柔和，对比之下，就会使内眼角处色彩、明暗对比强烈，从而拉近双眼间距（图6-29）。

（3）眉毛。以一只眼睛的宽度确定眉头的位置，描画出淡淡的眉头，同时将眉峰略向内移，让两只眼睛看上去距离拉近。

（4）鼻侧影。在鼻梁上涂抹亮色，在鼻梁的两侧涂上阴影色并与眼窝处深色相连，强化鼻侧影。

（5）睫毛。涂睫毛膏时，将重点放在内眼角至中间的部分。如果粘贴假睫毛，注意将睫毛方向做成朝内眼角方向的形状再贴上去。

（6）腮红。腮红位置也可稍向脸部中间移，在两眼下方位置涂腮红色会让人注意力集中，忽略两眼

距离。此外，将几缕刘海留至眉间，也可丰富两眼间距，取得协调的效果。

（十一）眼轴连线靠上

眼轴连线靠上是指眼睛偏离正常的三庭位置，位置靠上，使得脸的下半部偏长，人易显老成。

矫正方法：化妆时，加强脸的下半部分修饰，可施打中心式和横向式腮红，降低鼻子长度。还可加重下眼线和下眼影的层次，加强嘴部和唇彩的描绘，将视觉中心下移，从整体上减弱脸颊的空旷长度。

（十二）眼轴连线靠下

眼轴连线靠下是指眼睛偏离正常的三庭位置，位置靠下，使得脸的下半部偏短，人显幼稚。

矫正方法：眼下方不作修饰，通过眼线和眼影将外眼角外侧斜向上进行晕染或提亮，加强鼻子的立体感，特别是眉头至鼻侧部位的阴影。腮红向斜上方扫，以加强脸颊的立体感。

（十三）大小眼

大小眼时常能见到，左右眼大小的不对称会使整个脸部失去平衡感，必须加以矫正。大小眼有两种情况：一是本身眼睛轮廓存在左右大小不一；二是由于左右双眼皮褶皱的不对称引起的大小不一。

矫正方法：第一种情况，采取不对称的眼线画法矫正。小一些的眼睛参照大一些的眼睛，画较粗的眼线，扩大眼睛轮廓，大一些的眼睛只需紧贴睫毛根部画很细的眼线。还可通过不对称的眼影和假睫毛矫正，将小一些的眼睛眼影晕染宽大一些，假睫毛贴得高一些即可。第二种情况，主要采取粘贴美目贴的方式，较窄的双眼皮参照较宽的双眼皮来粘贴，使两个眼睛看上去基本相同。

二、眉毛的化妆矫正

眉毛距离眼部最近，它对眼睛有直接的修饰作用，由于眉毛是面部中色泽最重的部位，也最容易引起人们的注意。若是眉毛的形状和位置不对，势

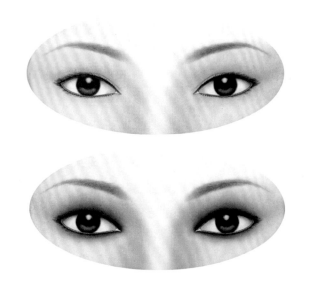

图6-29　两眼间距过宽及其修饰

必会影响面部的妆容和构造，我们可以通过矫正化妆来修饰。

（一）眉毛残缺或浓淡不均

如果眉毛残缺或浓淡不均，会导致五官不正及面部的缺陷，矫正方法：

首先，可以选择与眉毛颜色相同的眉笔，在眉毛缺损的地方直接补画。其次，可用眉粉与眉笔相结合的方式，先浅刷一层眉粉，定好眉形，然后在上面用削尖的眉笔顺着眉毛的生长方向一根一根画出眉毛，做到真实而自然。

（二）眉毛稀少、细而淡

若是细而淡的眉毛会使人显得清秀，但过细的眉毛使人显得小气，过浅的眉毛则缺少生气，尤其是配上脸形大的人则显得不协调，若眉毛稀少会使整体颜色减淡，脸部看起来无精神。

矫正方法：要根据脸形调整弧度，强调眉峰，按眉毛的生长方向一根根描画，将眉形加宽。描画时注意要符合眉毛色泽的变化规律。也可用棕色、褐色或深灰色眉粉仔细地涂抹在眉毛上作为底色，然后用眉笔一根一根地描画在稀少的眉毛间（图6-30）。

（三）眉毛少而乱

眉毛残缺或稀少，看上去杂乱，整个眼部没有神，呈现出憔悴、衰老的感觉。

矫正方法：可以用定型梳理的方法，将散乱的眉毛聚合在一起，以透明眉胶粘着固定，让眉色变深。另一种方法是拔掉多余部分的散眉，然后在稀少的眉毛间用眉笔描画，做到真假结合。

（四）眉毛太浓密

一说起浓眉大眼，总是夸赞人眉眼部分长得漂亮。但若是在一双细柔的眼睛上面长着粗黑浓密的眉毛，则将会使眼睛显得暗淡无光，不相协调。尤其是女性，过于浓密的眉毛会减弱眼睛的表现力，让人觉得较凶，且男性感强，影响整体美观。

矫正方法：在拔眉之前，要审视眉毛与眼、脸的关系，用棕色眉笔勾画出适合脸形的眉毛形状，然后用镊子将密集部位的眉毛拔去一些。还可以选用浅色眉膏刷在浓密的眉毛上，使其颜色变浅。另外，画出浓密眼线，涂卜睫毛膏，加强眼睛的色彩对比度，也会使浓眉有减淡的视觉效果（图6-31）。

（五）眉毛太短

眉毛若是偏短，则会使得面部五官紧凑，有紧张感。

矫正方法：在需要加长的眉梢部位涂上一层眉粉，再根据原有的眉毛的色彩，选择深色的眉笔，按照眉毛的生长方向一根一根勾画。总的来说就是要加长眉梢的长度，使眉梢、外眼角和鼻翼外侧连成一条直线，根据脸形画成标准的眉形（图6-32）。

（六）眉形杂乱

这种眉毛生长面积大且没有规律，使人显得不够干净，过于随便，削弱了眼睛的神采，使五官不够突出。

矫正方法：修饰的重点在于要根据眉毛的生理特征，找出眉毛的主流，配合脸形和眼形设计出理想的眉形，将多余的眉毛修去。同时可在眉峰至眉梢部位涂少许酒精胶，用眉梳理顺，再用眉笔加重色调。

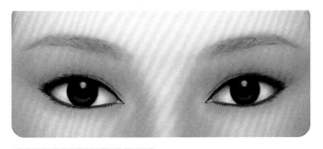

图6-30 眉毛稀少、细而淡

图6-31 眉毛浓密

图6-32　眉毛太短

图6-33　下斜眉

（七）上斜眉

上斜眉眉头位置低，眉梢过于上扬，给人以严厉、精明的感觉，但缺少柔和感，显得刻薄、刁钻，并有拉长脸形的感觉。

矫正方法：矫正的重点在于将眉头与眉梢调整到缓和的弧度内。适当修去眉头下方及眉梢上方的眉毛，用眉笔在修掉的眉头上方和眉梢下方细致的描绘，但要在原眉形的基础上自然进行，不可牵强。

（八）下斜眉

下斜眉的眉头高、眉峰往眉梢逐渐向下走，眉梢低于眉头，也称为"倒挂眉"或"八字眉"。这种眉形的人显得亲切慈祥，却有悲观、忧郁和愁苦之感。

矫正方法：拔除眉头上方的眉毛，降低眉头，将下挂的眉梢拔除变短，加画眉峰至眉梢处的眉毛，将眉头与眉梢调整为向上的弧度（图6-33）。

（九）向心眉

两眉的眉头距离过近，间距小于一只眼睛的长度。眉头过近使人的五官显得紧凑不舒展，给人以紧张、焦急的感觉。

矫正方法：矫正的重点在于将两眉之间的距离调整为一只眼睛的距离。要除去眉头过近处的眉毛，将眉峰向后移，描画时可适当延长眉梢的长度。但切忌不要人工痕迹过重，否则会产生呆板、不自然的感觉。

（十）离心眉

两眉的眉头距离过远，间距大于一只眼睛的长

度。眉头距离过远使五官显得分散，给人以和气，但略有迟钝的感觉。

矫正方法：矫正的重点在于将两眉之间的距离调整为一只眼睛的距离。在眉头内侧，按照眉毛的生长状态，描画出虚虚的眉头，同时眉峰可略向内移。描画时，先在眉头处涂上一层眉粉，用眉笔按照眉头的生长方向一根一根地画出眉毛，注意要与眉体本身衔接自然。

三、眉眼间距的调整

眉毛与眼睛的关系，好似一幅画与画框的关系。好的画作需要相宜的画框来衬托才会熠熠生辉。标准的眉毛与眼睛的关系应为：眉毛的中间点与眼睛平视前方时瞳孔的中间点在同一垂直线上；眉毛与眼睛的距离是一个瞳孔大小的距离；眉头与内眼角在同一垂直线上，眉梢的位置在鼻翼外侧至眼尾的延长线上，而眉眼间距太近或太远都会影响面部比例和美感，必须加以调整。

（一）眉眼间距窄

眉眼间距太近容易给人严肃、压抑和紧张感。调整时需要加宽眉眼间距，使眉眼部分舒展拉开，可从以下方面进行调整：

（1）眉毛。主要是调整眉毛的高度，可将眉毛下半部分的杂毛除去一些，在上半部细致地加画眉毛，使整条眉毛的位置抬高，直接拉开眉眼间距。眉形可选择微吊眉或拱形眉，扩充眉毛与眼睛之间的距离。

（2）眼线。眼线应依据眼形而定，可以加重下眼线的描画，从视觉上让眼睛往下移。

（3）眼影。不适合太深或层次太多的眼影晕染，这样会让眉眼间显得更挤。眼影的颜色宜选择浅粉色、水绿色等明亮温和的色彩，自上眼睑根部向上晕染，眶上缘处可使用带珠光的亮色提亮，下眼睑处同样可使用珠光色并向下晕染。

（4）唇部。可用鲜艳的色彩强调唇部的刻画，将化妆重点下移，也就弱化了眉眼间的缺点。

（二）眉眼间距宽

眉眼间距宽会使眼睛显得空洞、无神采，易给人清高的感觉。化妆上的调整需要拉近眉眼间距，使五官整体协调，可从以下方面进行调整：

（1）眉毛。尽量降低眉的位置。将眉毛上半部分的杂毛去除，在下半部细致地加画眉毛，使整条眉毛的位置降低，拉近眉眼间距。但是对于额头很长的人，可以选择修成有弧度的眉形，或者调整完眉毛后，再用刘海遮挡长额头。

（2）眼线。上眼线可适当加粗加重，尾部略有上扬，配合多层次眼影，让眉眼之间的部位丰富起来，下眼线可做淡化处理。

（3）眼影。上眼睑处的眼影由睫毛根部向上晕染，但不要与眉毛相接，应留有部分空间作为转折面。眼影可选用偏冷的蓝色、紫色等。要加深眼影、增加眼影的层次或加重眼影的结构。眶上缘处不使用亮色，下眼睑的眼影应在睫毛线边缘细细晕染，不扩散。

四、鼻部的化妆矫正

鼻部的修饰方法主要是涂鼻侧影和鼻梁提亮。鼻侧影面积的大小、位置的高低都会使鼻形、脸形发生相应的变化。不同的鼻形和修饰方法如下。

（一）长鼻形

鼻子过长属于面部中庭偏长，会使鼻子显细，鼻梁偏瘦，脸形显长，面部呆板。

矫正方法：

（1）压低眉头，眉毛避免画成上挑形，较平直的眉形可使鼻子的长度相应变短。当然额头太长的人不适合采用这种方法。

（2）减少鼻侧影的长度。鼻侧影应在鼻梁中部两侧上下渐弱，做重点刻画，不要延伸到鼻翼。鼻梁上部平行向内眼角至上眼睑延伸，不与眉头相接，颜色要淡，鼻尖处横扫少许阴影。

（3）鼻梁的提亮色加宽，提亮色与鼻侧影的颜色要形成弱对比，不要露出明显的化妆痕迹（图6-34）。

（4）面颊上腮红色适合作横向晕染，能造成鼻子加宽、面容丰满的感觉。

（二）短鼻形

鼻子过短是指在脸部三庭中，中庭偏短，鼻梁偏宽，结构圆润，使五官显得紧凑，给人以紧张、不开朗的感觉。鼻子短将形成圆形脸或扁形脸。矫正方法：

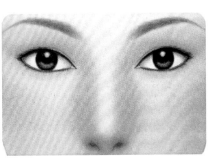

图6-34　长鼻形及其矫正

（1）改变眉形，将眉头稍向上抬，这样就抬高了鼻根部位。

（2）加强鼻侧影的长度。将鼻侧影向上晕染至眉头，从眉间的鼻根处至鼻翼做纵向晕染；鼻梁上的亮色晕染要从眉间到鼻尖，使人们的视线做纵向的移动，能让鼻子的长度有所增加。

（3）加强鼻子的立体塑造，鼻部的亮色面不应过宽，鼻梁比正常比例略微收窄一些。鼻侧影的颜色可略重，加强鼻子的立体感能让鼻梁显长。

（4）用阴影色涂抹鼻翼两侧，减弱其形态，让鼻子看上去更修长（图6-35）。

（三）塌鼻形

鼻根较低、鼻梁与眼睛平直，甚至低于眼睛平面，使面部中央凹陷，缺乏立体感。矫正的重点在于利用阴影色和亮色提高鼻梁的高度。

（1）在鼻根、鼻梁处涂明亮的颜色，用象牙色或者淡粉色加少量的白色与黄色调成一种比皮肤明亮的颜色涂抹于鼻根、鼻梁。如果用珠光型眼影，由于亮光的反射，也能使鼻梁突出，但点染的面积不宜过大，只需在鼻梁及鼻尖上轻轻印搽，而且要符合鼻子本身的形状构造。

（2）在鼻子的两侧涂阴影色，较深的阴影色涂于内眼角眼窝部位，自眉头与鼻根相接处向鼻尖晕染。两侧的阴影可与眼影融合，下方则消失于底色，使鼻侧影变为一个自然而真实的侧面阴影。但是要注意阴影不能过深，以免造成整个眉眼部位的塌陷，要以提亮为主，侧影为辅，掌握好色调的明暗过渡，亮色、阴影色衔接自然（图6-36）。

图6-35　短鼻形及其矫正

图6-36　塌鼻形及其矫正

（四）蒜形鼻

鼻根低，鼻梁上端窄，鼻头较平，鼻尖与鼻翼圆大，有头重脚轻的感觉，看上去粗犷不秀美。要使宽大的鼻翼显小，矫正重点在于利用亮色和阴影色调整鼻子形状和加强鼻头的立体感。

（1）将略深于肤色的暗影色从鼻侧延续至鼻翼，用比肤色浅的明亮色涂于鼻根、鼻梁和鼻头的最高处使其立体显高，突出鼻尖，缩小鼻头与鼻翼以及鼻梁之间的反差。

（2）鼻梁上的浅亮色不宜太细窄，鼻梁和鼻侧的阴暗转折一定要柔和。

（3）双眉作横向扩张，嘴可适当画大一些。唇色、面颊色丰满红润都会使鼻翼在相比之下显得小巧（图6-37）。

（五）鹰钩鼻

鼻根高，鼻梁上端窄而突起，鼻尖呈钩状向前探，鼻中隔倾斜后缩，面部缺乏温柔感，使人显得冷酷。

矫正方法：矫正重点在于利用阴影色和亮色对鼻尖进行处理。鼻根部用暗影色使其收敛，鼻梁上端过窄的部位可涂亮色使其显宽。鼻尖用深色粉底修饰，鼻中部用亮色使其延展开阔。

（六）翘鼻子

鼻根低，鼻梁线条流畅但略短，鼻尖向上翘，鼻孔可见度大，鼻中隔明显，使人显得活泼可爱，但过于上翘则有滑稽的感觉。

矫正方法：矫正重点在于利用阴影色修饰鼻尖并拉长鼻子的长度。在鼻根两侧使用阴影色使中庭比例正常，鼻中部用阴影色收敛，并在鼻根部用亮色提亮。

（七）尖形鼻

鼻梁窄，鼻翼紧贴于鼻尖，鼻尖瘦小而单薄，鼻形显得瘦长，使人显得小气，缺乏圆润感。

矫正方法：矫正重点在于利用亮色使鼻部丰满圆润。鼻梁上的亮色要有一定的宽度，鼻尖的亮色向外晕染，鼻翼涂亮色使其增大。

（八）宽鼻梁

宽鼻梁是指鼻梁宽度大于内眼角间距的三分之一，使人感觉非常成稳、憨厚，却不能显示出女性的秀气。

矫正方法：按标准鼻形宽度提亮鼻梁，深色鼻侧影向中间靠拢与高光部位自然连接，并且鼻侧影从鼻侧延续至眉头，利用鼻侧影和提亮效果细化宽广的鼻梁，体现秀丽之感（图6-38）。

图6-37　蒜型鼻及其矫正

图6-38　宽鼻梁及其矫正

（九）窄鼻梁

窄鼻梁是指鼻梁宽度窄于内眼角间距的三分之一，会让人感觉纤细柔美，但易显娇气和稚嫩。

矫正方法：鼻梁窄的人不宜涂鼻侧影，若加重鼻两侧的阴影，会使鼻梁更窄。可以适当提亮一下鼻侧处，让鼻部立体感稍弱化一些，增加鼻子宽度会显得更稳重大方（图6-39）。

五、唇部的化妆矫正

唇的表层是黏膜，与脸部其他部位的皮肤不同，不能随意改变形状，只能在原形的基础上作适当的扩大或缩小。主要可以通过遮盖、勾画等手段进行矫正。完美的嘴唇应该是轮廓清晰，嘴角、唇峰、下唇底部各个关键点位置准确。

（一）嘴唇较厚

唇形有体积感，显得性感饱满，但过于厚重的唇形会使女性缺少秀丽的美感。矫正重点是运用遮盖的手法调整唇形的厚度。首先在涂底色时用粉底掩盖唇部边缘，然后用唇线笔定点、向内侧勾画出标准的唇形，最后涂上唇彩即可。这个过程需要将唇线画得干净挺括。不过，一些特别厚的嘴唇，用这种简单的办法并不见效。因为，在很厚的嘴唇上画薄嘴唇，留下多余的宽边，不容易被颜色遮盖，同时红唇部与皮肤部交接处有明显的突起，构成嘴唇的轮廓，不可能用颜色盖住。矫正这样的嘴唇就较困难，对于这种情况，可以从以下方面着手：

（1）不能把嘴唇画得太薄，以免余下的红唇部分边沿太宽，把红唇部描得太小反而与嘴唇的整体结构不相称，所以只要根据原唇形适度矫正即可。

（2）除了描画红唇部位，还需把本来嘴唇的轮廓缩小一点。方法是用接近肤色的粉底盖住外露的红唇，把轮廓缩小。浅肤色主要用在上唇的边缘，以遮盖原来红唇的肉红色，造成皮肤的假象。下嘴唇的外轮廓线一般要用阴影色遮盖，使其不要外突即可。

（3）把下唇底部与颏唇沟交接处的阴影向上延伸，造成颏唇沟上移的假象。减弱或消除原来下唇的轮廓线。描画时应非常小心，先从中间开始，调一点与颏唇沟阴影一致的颜色，当描画的颜色与阴影一致并很自然地衔接之后，再把颜色向两边延伸，并突然消失。描画的阴影色与唇膏之间要保持一条肤色轮廓线。

（4）最后涂抹的唇彩边沿和轮廓线要平直，不应随原来的嘴型等量缩小。由于厚嘴唇一般都凹凸起伏明显，涂抹同一色度的唇膏，仍然有原来嘴型的痕迹。所以，在涂抹唇彩时，注意不能选择太浅的唇膏颜色，并且要有深浅层次的过渡（图6-40）。

图6-39 窄鼻梁及其矫正

图6-40 厚嘴唇及其矫正

（二）嘴唇偏薄

上唇与下唇的宽度过于单薄，使人显得不够大方，看上去尖锐刻薄。薄嘴唇要画得丰满、性感可以直接用唇膏增加唇的厚度。这种方法的要领是描画的轮廓除了放宽尺度外，还要有较大的弧度。描画的轮廓线要挺括干净，涂抹的唇膏要厚薄均匀，能较自然地盖住红唇和加宽部分的皮肤颜色。矫正方法：

（1）先用深色唇线笔画出一个比原来的唇厚，且丰满的轮廓。要用唇线笔将轮廓线向外扩展，上唇的唇线可描画得圆润些，下唇可厚些。

（2）在画好的轮廓内涂唇膏。要在扩充的部位选用略深的唇膏与唇色相接，唇中部用淡色珠光唇膏或唇彩涂抹，利用唇膏深浅的衬托加强唇部立体感。

（3）如果原嘴唇轮廓线比较明显，皮肤与红唇部的交角坡度大，而描画的轮廓线又越过了这个坡度，这时依靠单色唇膏遮盖皮肤掩饰边沿便会显得虚假，必须把上嘴唇原来轮廓线外的皮肤部分颜色加深，以抵消受光部位的色差。下唇底部不必加深，只需在下唇中部加一点亮色，然后把亮色均匀地与唇膏融合，造成丰满圆润的视觉效果即可（图6-41）。

图6-41　薄嘴唇及其矫正

（三）唇形方硬

带棱角的唇形是指嘴唇轮廓线条感明显，不柔和。这种唇形能体现一种干练职业化的风采，但是如果配上带棱角的方脸形或菱形脸时，会让人感觉到刚硬和严厉，缺少女性的柔美。矫正方法：

（1）唇峰"V"形部位与唇底都不动，用深色唇线笔加宽上下嘴唇轮廓两边的弧度，凸显饱满圆润的唇形。

（2）在轮廓线以内涂唇膏，注意原唇形轮廓内的唇膏色浅一些，新画的唇形轮廓与原唇形轮廓之间的唇膏色深一些（图6-42）。

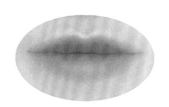
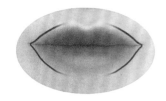

图6-42　唇形方硬及其矫正

（四）唇形鼓突

唇中部外翻凸起，有鼓突的感觉。如将鼓突的嘴唇矫正得平缓一些，整个容颜就会有所改观，主要可以采用视觉转移的方法，忽略对唇部的注意力。

（1）先画唇形轮廓线。上唇轮廓线从嘴角开始，偏离本来的上唇边沿，斜向上、向前的弧线，与原来的唇峰汇合（如果原来的唇峰高，则把汇合点降低点）。下唇轮廓线从嘴角起画，斜向下、向前在中部外侧与原来的红唇边沿汇合，多余的唇部分用粉底遮盖。

（2）在轮廓线以内涂唇膏。唇色不宜选用鲜艳或珠光色唇膏，宜选用中性色。在涂唇的时候唇中部色彩要偏暗一点，在光照下可以降低唇中部突起的感觉（图6-43）。

（3）另外可加强眼部等脸上半部分的修饰，转移人们对唇形的关注。

（五）嘴角下垂

嘴角下垂是指双唇闭合时，口裂两端向下略斜，也称下挂唇形。这种唇形使人显得严肃不开朗，有悲凉、苍老的感觉。矫正重点在于调整唇角的高度。

（1）改变口裂的形状。用深棕色唇线笔描画上唇线时唇峰略压低，点画在上唇嘴角的两端，使上唇嘴角处加厚、提高、嘴角内收。描画下唇线时，唇角向内收敛与上唇线交汇，当嘴唇闭合时，由于阴影色改变了上唇的形状而使口裂得以借位，形成新的嘴角。

（2）在唇中部涂上较浅、较亮的唇色，在嘴角处涂深色，以突出唇的中部，深浅两色应过渡柔和自然，使矫正过的嘴角色彩更真实。

（3）每个嘴唇的起伏转折都各不相同，要有效地矫正唇形，就要根据具体条件，考虑在关键处加以修整。比如改动上唇两侧轮廓线的弧度，先使其具有上翘的动势，再使下唇嘴角的弧线与上唇呼应。也可以用底色均匀地涂在嘴角部位，以减弱嘴角纹的投影，然后改动上唇两侧轮廓线的弧度，使其有向上翘的效果（图6-44）。

（六）唇形平直

唇部轮廓平直，唇峰不明显，缺乏曲线美。

矫正方法：矫正重点在于强调唇部的轮廓结构。勾画上唇线时，先定点，找出上唇峰、嘴角等位置，用唇线笔勾画出来，下唇画成有弧度的船形，然后涂抹上合适的唇彩即可。

（七）唇形过大

嘴角的外形过于宽大，会使人看上去大大咧咧、不显秀气。

矫正方法：重点在于强调唇部的立体感，使唇部有一定的棱角。在涂面部底色时，可将唇部轮廓进行遮盖，用唇线笔勾画唇形时略向里收缩2毫米左右，将上唇画出唇峰，下唇描画成船形。唇部色彩宜选用中性色，不宜选用具有膨胀感的暖色系。

（八）唇形过小

嘴唇的外形过于短小，让人觉得柔弱娇小，缺乏大气之感。

矫正方法：重点在于调整唇部的宽度和厚度。用唇线笔将唇形微向外扩充，但不可扩充过大，一般为2毫米左右，然后在其中涂抹唇彩，唇彩可选用偏暖的淡色，有增大唇部的效果。

图6-43 唇形鼓突及其矫正

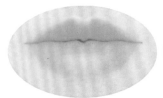

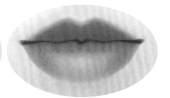

图6-44 嘴角下垂及其矫正

第七章
常见化妆类别及造型手法

在日常生活中，生活化妆是我们必须具备的化妆技巧；当需要参加重要的晚宴或聚会时，晚宴化妆能为我们增添高贵的气质；新娘化妆是每个女孩在婚礼仪式上最庄重地呈现自我的方式；摄影化妆是商业营销等领域最重要且最成功的技术手段；舞台化妆、影视化妆能塑造鲜明的人物造型及性格特征，是专业化妆技术的高峰；创意化妆是现代艺术化妆多元化的产物，具有灵活多变的特点；男性化妆是现代男士们展现良好外在形象的基础，本章将通过详细的步骤和图示介绍上述各个类别的化妆造型及创作手法。

第一节　日常生活化妆

日常生活化妆简称为日妆，是一种淡妆类型，日妆应用范围较为广泛，可以根据人物所处的不同场景有多种分类，如职业妆、郊游妆、休闲妆等。职业妆常见于正式职场，妆容大气沉稳、简洁明快，而又不失精明干练；郊游妆是以踏青、远足为目的的自然化妆，妆面应富有朝气，可突出眼影、腮红、唇部的色彩；休闲妆可以在任何休闲的场合出现，以体现个性和时尚为主，重点可以描画眼部、唇部，并体现时代感。

一、日常生活妆的特点

日妆用于人们日常生活和工作中，表现在自然光线或室内灯光下，需要根据T.P.O（时间、地点、场合）原则来设计人物妆容造型特点。即通过对面部进行的轻微修饰，以达到与肤色、服装、环境等因素的和谐统一。无论什么妆型，日妆的妆色都要求清淡、典雅、和谐自然，化妆手法要求精致，不留痕迹，体现真实、清洁、透明的特点（图7-1）。

二、日常生活妆的造型要点

（一）肤色的修饰

肤色以自然、透明为主。为了显示皮肤光泽透明的质感，粉底一般选用乳液状粉底，颜色要选用接近

图7-1　日妆造型　　　　图7-2　职业妆造型

本人自然肤色的色系，才能使肤色显得自然真实。粉底涂抹要薄而均匀，过厚的粉底会使肤色在自然光下失真，涂抹时注意面部与脖颈部位的底色衔接。皮肤质感细腻的人，使用粉底时不需做面部整体的遮盖，可做"T"字部位局部涂抹，在接近面部边缘的底色颜色要逐渐淡化轻薄。用这种细致的底妆方式，能增加肤色的真实可信度。皮肤有瑕疵者可在使用底色之前用遮瑕膏进行遮盖，但要注意遮瑕膏与粉底要自然衔接，使面部的肤色洁净自然。最后，使用无色透明的蜜粉进行定妆，可减少皮肤的油光并可防止脱妆，使妆容更持久。

（二）眼眉的修饰

眼影多采用单色晕染法，晕染面积要小，用色要与环境相协调，不宜太夸张。眼线根据眼形描画，线条要流畅自然，注意虚实结合。睫毛浓密、眼形条件好的可不画眼线或将眼线描画得细长即可，主要是强调出睫毛的漂亮曲线和浓度。眼形、睫毛条件一般者，可选用黑色或棕黑色眼线笔描画眼线，画完后要用笔揉开，使其尽量自然。睫毛膏的颜色多选用棕黑色和黑色。眉色多选用棕黑色或灰黑色。眉毛要描画自然，虚实结合，也可先用眉刷蘸上眉粉刷出眉毛的形状和深浅浓度，再用眉笔做进一步修整。

（三）腮红和唇部的修饰

腮红颜色要清淡柔和。如果肤色健康、着装素雅则可免去这一程序，如果脸色较白则可用淡淡的腮红轻轻涂抹颧骨部位，增加气色，腮红的颜色要根据眼影和唇色做选择。唇色应与整体妆色协调统一，最好选择接近天然唇色的唇彩颜色。描画时尽量保持唇形的自然轮廓（图7-2）。

（四）发型与服饰搭配

日妆搭配的发型可以根据职业需要进行梳理，一般的编发、马尾、单包、小卷等发型都较适宜；服饰的选择则要与人的身材、气质、职业及所处环境等相协调，总之，整体造型要简洁大方，有现代气息。

第二节　晚宴化妆

晚宴化妆简称晚妆，适用于高雅的社交和礼仪场合，以配合宴会华丽的环境和气氛。在化妆上可根据环境和服装的不同，表现出艳丽、典雅、端庄等不同风格。晚宴妆着重强调面部的立体感，妆面可以稍浓重些，可以发掘自身的长处，展现自我个性风采。晚宴妆根据应用的目的、场合的不同分为社交晚宴化妆和展示性晚宴化妆。

一、社交性晚宴化妆

（一）社交性晚宴化妆特点

社交晚宴化妆是指应用于正式场合中的晚宴化妆。由于活动在室内，其光源一般为偏暖的光源，从而使面部较朦胧，因此妆面色彩丰富，五官描画可适当夸张，充分体现女性的优雅、端庄和个性魅力。社交晚宴妆要求妆色与服装色彩、服饰、发型协调一致（图7-3）。

（二）社交性晚宴化妆造型要点

1. 肤色的修饰

基础底色、提亮色及阴影色可作大胆的表现，用亮色将面部应突出的部位进行修饰，如鼻梁、额部中央、下颌等部位。用暗色涂抹面部其余部位，帮助表现立体感，如脸外轮廓、发际线边缘、下颌处的三角区、鼻侧影等。颜色选择要大胆、可信，位置力求准确。

2. 眼眉的修饰

眼睛、眉毛的修饰性要明显。眼睛的修饰要漂亮得体，真实可信。眼线可描画得略粗些，但要和睫毛修饰相结合。眼影重点在于增强眼部轮廓的凹凸结构效果。选择色彩浓烈、鲜明的眼影以及珠光色的亮粉或立体修饰，能给人留下深刻的印象。如选择红色或鲜艳的水蜜桃色都可将眼部色泽表现得明艳动人。在眼部凸出部位，如眉骨的中央可以用少量带荧光成分的眼影作点缀，眼部凹陷部位可以选择深色晕染。同时，可用睫毛膏刷睫毛，让睫毛增长、浓密，并可贴上假睫毛，让眼睛更有神；眉毛要画得清晰立体，可以根据个人眉形适当进行修整，用深褐色和咖啡色画出眉毛的深浅层次，增加眉眼的分量感（图7-4）。

3. 腮红和唇部的修饰

腮红和唇彩应该根据妆容和室内灯光做出选择，（可参考第四章第四节化妆用色分析与技巧中的光对化妆色彩的影响部分内容）一般来说，腮红常用暖色系中的橘红、朱红，冷色系中的玫红、粉红、珊瑚红等，可以增加面容的色彩感，使妆容整体一致。唇色较常用明艳的大红、朱红或玫红色，轮廓可用唇线笔描画清晰，体现唇部的立体感。

4. 发型与服饰搭配

发型与服饰需与妆面整体效果协调统一，如选择高贵的立体式盘发搭配拖地的晚礼服，服装色彩上主要可选择经典的黑色、大气的红色、高贵的紫色等，再加以适当的配饰，如金银质感的耳环、项链、手镯等，可起到锦上添花的效果。

二、展示性晚宴化妆

展示性晚宴化妆多用于一些品牌发布会、艺术大赛或行业交流，具有很强的创造性和时代感（图7-5）。若是品牌发布会的晚宴妆，则已经定好基本的主题和造型要求，设计师只需根据品牌的总策划和晚会导演的安排完成化妆即可。而艺术大赛或者行业交流则要根据设计师自己的理解，完成一定的主题创作，手段可以丰富、大胆，体现强烈的视觉效果。具体可以从以下方面入手。

（一）设计主题

一个完美的作品要有明确的主题。正如写文章一样，先明确主题，而后围绕主题进行阐述。作为参赛或者交流的作品，一般会有一个大概的主题方向，让设计师进行创作，设计师可以自己确定一个跟比赛主题相关的小主题，然后进行创作构思，所有的化妆风格、化妆用色、服装、饰物等都以主题为宗旨，才能确保总体方向的正确性。

图7-3 社交晚宴造型（一）　图7-4 社交晚宴造型（二）　图7-5 展示性晚宴造型

（二）肤色的修饰

肤色的修饰要选择遮盖力强的粉底，强调面部结构的立体感。要控制好涂底色、定妆的时间，还要根据场内的温度和模特的皮肤状态随时进行补妆。补妆时应先用吸油纸去除面部特别是额头、鼻翼等出油部位的多余油质、汗液，再用定妆粉进行按拍。

（三）眼眉的修饰

展示性晚宴妆具有创新性和先导性，既要做到整体造型有所突破，又要突出局部，特别是眼睛部位的重点刻画，在描画的手法、晕染的技巧、色彩的搭配上都要有所创新。一般采用烟熏妆的效果，即用色彩使眼周部位呈现如烟雾一样迷离的结构效果。主要选用黑色和深色作为主色调，将黑色画在眼睑部位，并由睫毛根部一直晕染到眼窝处，呈现整个眼睑部位的椭圆形，色彩逐渐减淡，在黑色边缘还可设计一些其他色彩作为辅助搭配，看上去即由黑色渐变为其他色彩，有较强的视觉效果。此外，还可以进行平面加立体的造型方法，即先用眼影进行平面的色彩描画，然后加上一些钻饰、羽毛、珠片等贴在眼睛周围，突出整个面容的重点；眉毛的处理可以根据主题的需要强调或忽略，如将原本的眉毛遮盖，用色彩和图案等进行眉毛部位的装饰，或者将眉尾部分加长、拉宽，延

伸画出其他的形状，或者贴上黑色羽毛等，都能增加创意的成分。但是要注意，眼影的晕染是刻画的重点，眉毛只能作为辅助，不可喧宾夺主。

（四）腮红和唇部的修饰

腮红能起到协调整体妆面的效果，应该根据妆面特点进行晕染，色彩要与眼影和唇色相协调；唇部是展示性晚宴妆的魅力重点，女性妩媚、优雅的唇形对晚宴妆的造型起着烘托作用。总体来说唇形应丰满有立体感，色彩与整体相呼应。此外还可根据妆容的特点进行创意描画，如仿照唐代女性的樱桃小嘴或是其他色彩的创意唇形等，都能成为妆容中的亮点。

（五）发型与服饰搭配

发式造型要构思新颖，具有时尚感、前卫性。具体可以参考国外的一些服装发布会中的发型或彩妆流行趋势等。如韩式盘发、中国古典发型等都是不错的选择，加上一些发饰的点缀搭配，能让头部装饰更完整；服装可以由专门的设计师来设计，亦可用一些比较高级且独特的创意服装，服装色彩要根据妆容的色调而定，最后搭配一些独特的饰品，如耳环、手链、项链、腰带、披肩等，使其融合于整体造型中。

第三节　新娘化妆

新娘化妆主要是指新人结婚的化妆造型。婚礼是人们极为珍视的仪式，也是人生的重大喜事，化妆要体现女性的娇柔之美，妆容给人以喜庆、端庄、典雅大方之美感，妆色介于浓淡妆之间。从时间上看，有拍婚纱照的新娘造型，也有婚宴场合的新娘造型；从形式上分，则有西式新娘造型与中式新娘造型。拍婚纱照的新娘化妆造型更多是体现摄影化妆的要求，在下一节摄影化妆中会详细讲述，只是要根据摄影化妆

的要求，强调新娘的身份，如突出其五官轮廓、选择外出场景的服装款式、色彩、道具等，让新娘妆容与服装和周边环境相协调。西式新娘造型是最常见的造型，其特点是洁白的婚纱、清透干净的妆容、梦幻般的色彩以及给人高雅纯真的浪漫感（图7-6）。中式传统新娘造型是一种复古的造型，主要是符合中国传统新娘的妆容特征，如大红的唐装或旗袍，搭配端庄的古典发式，妆面柔和甜美，色彩多用喜庆的红色，

图7-6　西式新娘妆造型

图7-7　中式新娘妆造型

以突出中国人喜悦吉祥的心情（图7-7）。以下介绍一般婚礼化妆中的新娘造型特点。

一、新娘化妆的特点

一场婚礼由不同的阶段组成。一般而言，婚礼由典礼仪式、婚宴、尾声三部分组成，新娘化妆要根据婚礼的程序有不同的造型。

新娘化妆的造型还要根据新娘的职业、性格、年龄等因素确定总体化妆风格，并实施到不同阶段的造型中。如在幼儿园工作的教师由于职业特点，一般给人以活泼、可爱的感觉，在总体造型上以可爱型定位，化妆用色和饰物都要以此为主线，穿着礼服时也可运用蝴蝶结等饰物进行妆点，从而符合新娘的个性。婚礼妆造型既要考虑总体定位，又要在不同阶段有不同的侧重点，同时还要考虑换妆的方便性，使新娘在婚礼中成为真正的主角。

二、新娘化妆的造型要点

（一）肤色的修饰

新娘的肤色着重强调洁白细腻，因此在涂粉底之前要用隔离霜调整肤色，并用遮瑕膏掩盖面部的瑕疵。粉底的选择可根据皮肤的质地和季节选择膏状或液态粉底，并利用高光色和阴影色来强调面部的立体感。无论是婚纱还是礼服，其款式多以裸露肩部、臂部居多，涂底色时要将裸露在外的皮肤进行涂抹，从而使整体的肤色协调统一。

（二）眼眉的修饰

眼部的化妆要自然柔和，晕染方法一般采用水平晕染法。婚纱造型眼妆用色根据新娘的肤色及眼形的条件，选择冷、暖色系均可。中式礼服一般以红色为主，眼妆用色则以浅浅的粉红、珊瑚红等暖色晕染，但面积不宜过大；为了强调眼部的神采和立体感，应加强对睫毛的修饰，睫毛条件好的可直接涂抹睫毛膏，睫毛条件不好的，可贴上长短适当的假睫毛。为了体现睫毛的真实性，假睫毛可以不用全部粘贴，而是经过修剪后，贴于眼尾或睫毛稀疏处；眉形主要取决于脸形和眼形，一般可画成女性常用的柳叶眉，眉色要自然柔和，虚实有度。

（三）腮红和唇部的修饰

腮红可以浅淡柔和些，充分表现健康肤色的白里透红效果，可以选用珊瑚色、橘红等浅淡色系。唇部修饰的重点是保持唇彩的持久性，唇彩的色泽要与服装色、眼影色搭配和谐，一般可选用大红、朱红等暖色系，给人温暖喜悦之感。

（四）发型与服饰

新娘的发型主要选用盘发，可以参考韩式盘发，并以花饰作为点缀，凸显新娘的纯真与浪漫。新娘的服饰——婚纱，应该根据自己的身材和肤色进行选择，如果体型稍胖、个子较矮的则可以选择轮廓线条呈纵向分布和高腰型的婚纱，以弥补自身的不足。还可以采用皇冠与头纱、鲜花与头纱相结合的造型方法。穿着中式礼服的中式新娘，发型多以传统的发髻为主，并用头饰、发簪、步摇等相衬托（图7-7）。

（五）注意事项

为了确保妆面的效果完美，除了描画时做到精修细致，还应注意以下两个方面：第一，婚礼前一个月就要开始皮肤护理，婚礼前的护理不要选用刺激性的护肤品，禁止前一天进行护理，以免出现过敏情况。同时，不要忽略手部护理及修饰。确定结婚礼服后才能确定发型，发型应半个月前进行染烫，一个星期前修剪。婚礼前修好眉毛，并进行试妆。第二，婚礼中补妆的重点是底色的修补，不可直接增补粉底。应先用吸油纸，去除多余油脂、汗液，用海绵拍匀后再涂粉底进行修补。唇妆的修补不要破坏唇部轮廓，并注意唇角处的修补。

第四节　摄影化妆

摄影化妆是摄影和化妆两大艺术的统一体，具有摄影和化妆两方面的共性和特性，摄影化妆的妆面立体感要强，妆面线条的描画要清晰流畅，如果一个模特展示多种不同的妆面，化妆过程一般遵循从简单到复杂，从清淡到浓艳的原则。就化妆师而言，除了需要具备自身的专业技术外，还要掌握摄影技术的知识，如光、影、色彩之间的相互关系与作用。只有充分地了解这些知识，才能创作出好的摄影妆面。摄影化妆包括商业摄影化妆和生活摄影化妆。

一、商业摄影化妆与生活摄影化妆特点

商业摄影化妆是以主题要求来设计，注重市场效应和产品的宣传度，包括海报、电视、杂志广告，要进行精细的筹备与策划，以迎合消费者和商家的需求。如广告妆，以宣传产品为主，需要结合产品的优势来设计符合产品宣传的妆面，更好的推销产品。而生活化妆没有浓重的商业色彩，一切以自由轻松为主，也可大胆设想，充分发挥想象力和创造力，突出个人风格与魅力。以下介绍商业化妆的具体操作。

二、商业摄影化妆造型要点

（一）交流沟通

商业摄影注重的是商业效益，好的广告既要有视觉冲击力，又要有新鲜感，不论是静态广告还是动态广告，在拍摄前化妆师都应根据设计者的构思和客户的具体要求，与摄影师或导演有良好的沟通，达成共识。对所拍摄的模特进行符合要求的形象设计工作，并以现代的科技成果为基础，以当今的影像文化为背景，以视觉表现为设计理念进行创作拍摄（图7-8）。

（二）肤色的修饰

肤色的修饰可根据模特的条件进行适当的调整，做到"薄、润、自然"，充分体现皮肤的质感。年轻人皮肤有光泽、弹性好，底色可薄一些；年龄偏大，面部有雀斑、黄褐斑等瑕疵的皮肤，底色可偏厚一些；若面形不够理想，面部缺乏立体感，可适当运用阴影色进行调整。此外，摄影妆要注意随时进行补妆，面部不能有油光感，否则破坏了光的层次，对后期的修片有较大的影响。

（三）眼眉的修饰

眼线的粗细、浓度和眼影的色彩、晕染程度要根据广告或者摄影的需要，主要是过渡自然柔和，真实不露痕迹，一般可采用水平晕染法。在一些具体要求的妆面中还需贴不同类型的假睫毛，让眼睛更有神。眉毛的描画要真实自然，符合脸形特征。

图7-8 商业摄影妆造型

（四）腮红和唇部的修饰

腮红要求自然、红润，在灯光下凸显脸部轮廓和气色。嘴唇轮廓线要清晰，唇形饱满。除了施加基本唇色，还可用透明唇彩滋润双唇，使唇部水润自然。

（五）发型与服饰搭配

发型与服饰要符合人物的特点，并与摄影作品的整体风格一致。如表达的风格是复古的，那么发型就要塑造得端庄、浓厚一些，服饰可选用传统造型加上古典饰品；如表达的风格是前卫的，发型可以做得超前、有艺术感，服装也应与之相呼应。再根据需要选用一些小的饰品作点缀。

此外，摄影化妆既要考虑摄影运用的手段，又要考虑妆型的特点。如平面模特妆、明星写真妆、封面妆等，这些造型根据需要可夸张眼部的晕染，如采用烟熏妆进行塑造。烟熏妆能强调色彩的自然融合以及由颜色的深浅不同而形成层次感，有着强烈的色彩表现力、突出的结构效果和夸张的视觉冲击力，一直成为"T"型台和各种时尚场合、个性人像摄影常用的彩妆设计手法。但需注意，烟熏妆的画法要求没有僵硬的边界线，色彩一般选用同色系或是其他不同色彩与黑色的搭配。

第五节　舞台化妆

舞台化妆特指区别于生活化妆，专门应用于舞台表演的化妆，如杂技、歌舞、戏剧、曲艺等。舞台化妆要求以剧中的人物为依据，结合剧目中的典型环境和历史情况，运用化妆手段来帮助演员塑造人物角色的典型外部特征，这里包含了利用与改变演员本人的容貌条件。在舞台化妆中，由于展现的对象与观赏条件不同，对于化妆技法的要求也有所不同。

一、舞台化妆的特点

舞台化妆是在舞台上人造的典型环境（经过人工设计加工的布景、灯光与服装）中展现的；观众是在一定距离的位置上用肉眼直接观赏的。这两个特点决定了舞台化妆应加强人物形象的塑造力度。如果不想办法扩大演员面部形象，观众可能会辨认不清人物的造型。拿舞台剧来说，舞台剧演出非常强调台上与台下的互动交流。这就决定了舞台演出化妆必须在演员本身的基础上加以夸张、扩大，至少要使观众认清人物的表情特点，尤其要让观众看清人物的眼睛，因为眼睛是心灵的窗户，眼睛看清楚了才能交流感情，剧情和人物角色才能深入人心。在舞台化妆当中以传统的戏曲化妆最为夸张，戏曲化妆不仅使人物之间的面部色彩对比强烈，而且面部结构的用色与图形也采用了寓意与象形的方法来勾画。之所以如此，完全是为了使更远距离的观众能辨认清楚。

二、舞台化妆的主要类别

（一）话剧

通过化妆手段，赋予话剧中人物性格、年龄、身份、职业以及命运、遭遇等各种特征，力求表现真实，让观众在近距离地观看中产生共鸣与触动（图7-9）。

（二）戏曲

戏曲作为我国独有的片种，在化妆上也独具特色，而且是舞台上独有的特色。生旦净末丑的脸谱、老生的髯口（胡子）、旦角的头面和发型都是化妆中保留的经典造型。有时生角和旦角的色彩和面部五官的基本形式不变，但在具体表现与运用手法上尽可能适应舞台这一形式的特点，以浓淡相宜的描画（图7-10）。我国戏曲片种类繁多，化妆形式各不同，化妆造型往往根据原种类化妆形式而有所区别，并有新发展，有的去掉了"髯口""大粉"改为"小粉"或"古装"形式。

（三）歌舞（剧）

歌舞应突出主要演员即歌手、独舞的化妆造型，一般可以根据演员自身条件进行强化和修饰，如夸张眼部妆容，塑造立体面容，还可以在发型、头饰、服装、道具上加以点睛，但具体化妆要因节目的内容不同而定（图7-11）。

（四）杂技

杂技主要是通过台上的演员用各种动作表现出各种高难度技巧，让观众产生激动或紧张的心情。化妆要根据舞台环境、灯光和节目的内容进行塑造，如用闪亮的色彩点缀、夸张眼部、运用人体彩绘的方法塑造脸部和身上的图案等。由于杂技演员的服装必须为紧身和弹力最佳的面料，因此化妆的造型和色彩也要与此相搭配呼应，还可以将服装上的图案和色彩运用到面部的妆容上，取得和谐一致的效果。

图7-9 话剧化妆造型

图7-10 戏曲化妆造型

图7-11 歌舞剧化妆造型

三、舞台化妆的造型要点

（一）肤色的修饰

在选择粉底时，应视舞台灯光照明的强弱而定。舞台灯光大多数采用暖色光，在照明度较强的情况下，就要运用深色的粉底，配合修饰色，增加脸部立体感。舞台灯光如果采用白色光照明，这时候色彩还原能力强，就要运用相对浅色的粉底，配合灯光，能更好地塑造演员的面部轮廓造型。

（二）眼眉的修饰

在眼部妆容中强调眼线的描画。上眼线可以根据演员本身的眼形描画得浓密粗大些，下眼线可描画在离开下睫毛一点的地方，或者适当晕染开来，以增大眼形。眼影的色彩和夸张程度应根据舞台妆的内容进行设计，此外还可配合假睫毛的使用。总之，要使眼部妆容更具魅力。眉毛的描画要根据演员本身的特点进行修饰，色彩可以稍浓，不然在强烈的灯光下和远距离是难以看清楚的。但是一些特殊的舞台造型，如舞台老年妆则需要将眼睛和眉毛画成下搭的形状并将眉毛漂染成白色，以凸显年老的特征。

（三）腮红和唇部的修饰

脸部的腮红深浅、浓淡要根据人物的角色性格和舞台灯光的强弱变化掌握。如塑造年轻可爱的小姑娘，可以选用暖色系的橘色腮红；若表现冷淡的成年女性，则可使用玫红等冷色系来表现，唇色的选择也是如此。

（四）发型与服饰搭配

发型一般依据舞台人物性格特点来定，大部分的戏剧等还需要佩戴假发、假头套来塑造人物性格，服装也是根据人物的年龄、身份、性格来特别设计的。若是歌舞表演类的造型，可以参考一些流行的发型，如烫卷发、波波头等，服装可以选用时尚的款式、鲜明的色彩，与整个舞台灯光的环境相协调。

作者舞台化妆实例：

2013年8月22—23日，"纪念威尔第诞辰200周年歌剧音乐会"在国家大剧院歌剧院隆重上演，这场以威尔第歌剧为主题的音乐会是国家大剧院2013年度纪念大师诞辰系列节目之中的重头之作。音乐会以威尔第跌宕起伏的一生为故事主线，以十部经典歌剧为注脚，使观众在一场剧中能回顾歌剧之王一生的创作传奇（图7-12）。其演员阵容更是群星闪耀，有著名指挥家吕嘉先生及国家大剧院合唱团、管弦乐团的倾力合作，还有中国三大男高音——戴玉强、莫华伦、魏松齐的倾情演绎，更有意大利著名男中音佛朗哥·瓦萨洛等国际级明星歌唱家的倾情参与，共为观众献上了《茶花女》《弄臣》《游吟诗人》《阿依达》等10部威尔第经典作品中的24首知名唱段。此次音乐会的演出复原了每部歌剧中经典的华丽景象。负责本场音乐会的导演、舞美和服装三职于一身的全能舞台艺术大师乌戈·德·安纳引进了奥斯卡级别的服装专供与世界舞台的"梦幻工厂"，将每个歌剧的场景都打造成了梦幻与艺术的殿堂，舞美设计可谓是"精美奢华，夺目璀璨"。

8月适逢我在北京进修影视化妆造型，化妆机构承接了这场音乐会的化妆工作。我主要负责音乐会主唱、合唱演员和舞蹈演员的化妆造型。根据导演和舞美设计的要求，主唱演员有一男一女，男主唱穿着的服装为白色衬衫、金色马甲、黑色西装礼服。根据舞台剧的化妆要求，我先用与男主唱肤色相近的男底色对其面部进行基础色打底，选用提亮、暗影加强其面部轮廓，用深咖色和浅咖色作为眼影塑造眼窝和眼睑

图7-12　威尔第音乐会海报

图7-13 男女主唱造型

的凹凸层次感；用亮粉强调眉弓骨与鼻梁，将眉眼和鼻部的轮廓修饰得立体挺括。为了在舞台上体现歌唱演员唇部的神采，我将男主唱嘴唇涂上裸色透明唇彩，看上去自然润泽，最后将其头发向上抓起制造出蓬松感，并用发胶喷上定型，塑造出硬朗帅气的造型。女演员的服装为红底搭配黑丝带的小礼服，化妆时，我用稍亮于其肤色的粉底上基础底妆，将暗影侧横向扫在颧骨下方，增加其面颊和三角区的层次结构感，在灯光的衬托下更显立体；描画眼线时，在眼尾加粗，微微上扬，以增大眼形；眼影根据服装的色彩选择深咖啡色加红色，并强调一点点小烟熏的效果，让眼部看上去更有神采；眉毛画成自然的柳叶眉；唇色为热情的大红色，头发全部往后斜上方梳理，并适当的编发后固定，塑造出高贵、大气的造型（图7-13）。

男女舞蹈演员的造型比较独特，如女舞蹈演员的服装为褐色麻质长裙，上部有绑带装饰，需要在裸露的皮肤上涂抹古铜色的油彩；男舞蹈演员则裸露上身，下身穿中长蓝色褶皱棉质吊裙裤，在皮肤裸露处涂上蓝色的油彩，体现部落民族的人物造型特点。造型时，我用几种不同颜色的丙烯颜料调制成需要的色彩，用板刷均匀地刷在演员皮肤裸露的地方，待颜料干后，在身体的突出部位抹上金粉，以增加其身体结构的立体感。女舞蹈演员还需戴上类似非洲少数民族的假发（假发上有许多小辫子，均为真发，是从意大利歌剧院借来的，一个假发价值上千美元，非常昂贵且精致），佩戴时，要先用酒精胶水涂抹在演员的两鬓角和前额处，将假发套边缘的网纱小心均匀的粘到涂了胶水的皮肤上，然后进行梳理定妆（图7-14）。

此外还有男群众演员，他们的造型为罗马战士。要在全身，包括脸部都涂抹金色丙烯油彩，待油彩全干后，戴上金色盔甲和银色护腕、护腿，脚穿罗马鞋，手持银色长棍，站立于舞台后方，制造恢弘大气的舞台场面（图7-15）。

化妆工作从每天下午3点进行到晚上7点，因为演出定在晚上7：30

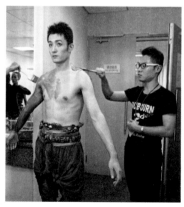

图7-14 男女舞蹈演员化妆过程

图7-15　群众演员造型

图7-16　男女舞蹈演员定妆照

准时开始，必须提前完成任务。如在中场换场时还需及时为演员进行补妆、调整头饰、服饰等，确保每位演员在舞台上有更好的表现效果。回想起当时的场景，至今仍是兴奋和激动，因为短短的两天，我们深刻地感受到了国家级艺术剧院的恢宏气势，亲眼看见了戴玉强、莫华伦、魏松齐等顶级歌唱家的夺目风采，领略到了专业歌舞演员的敬业精神（图7-16）。虽然每天的化妆工作辛苦，但是听到台下观众热烈的掌声和赞美声以及演出结束后的极大反响，所有的疲惫顿时烟消云散，油然而生的是一种幸福和自豪的心情。

第六节　影视化妆

影视化妆是高级的造型艺术之一，主要根据影视片的主题、体裁、风格、样式，选用各种化妆造型表现手法和工艺、材料来描绘角色，帮助演员塑造不同人物形象。通过这些化妆手段，要赋予剧中人物性格、年龄、身份、职业以及人物的遭遇、命运等各种特征。影视化妆可分为电影化妆和电视化妆。电影化妆是由摄影机拍摄，然后通过银幕上的再放大展现给观众观赏。在拍摄过程中，摄影机是根据剧情的需要和导演的构思，有时远离人物，有时则推得很近，把人物面部的一切都拍摄得淋漓尽致。制成影片以后，再通过放映机在银幕上放大许多倍展现出来，任何外加的略为夸张的痕迹都会暴露在观众眼前。所以，对化妆的要求（包括用色和粘贴技术）是细致、真实、自然；电视化妆基本情况和电影化妆相似，但由于荧幕的放大倍数稍小，而且反差较大，有时还可以运用较为夸张的手法来帮助演员突出人物特征，但仍然要求细腻柔和。电视化妆还包括电视节目主持人妆，这种化

妆的表现则主要通过时尚化妆方法来表现，可以参考最新的妆容和服饰流行趋势，根据主持人所主持的节目性质和内容进行灵活造型。本节所指的影视化妆主要是影视剧中的人物造型化妆。

一、影视化妆的特点

（一）影视化妆造型的特殊规律性

影视化妆最大的特点是逼真性。所以化妆师在进行人物造型艺术创作的过程中，都应该认真研读剧本或跟导演、演员沟通，理解剧情和演员的特征。应当遵循规律性和逼真性的原则，不宜采用舞台化妆的夸张手法和运用假定性的色彩，更要避免公式化、脸谱化等千篇一律的形式，或将人物面目固定为某种程序化的化妆模式。要着力刻画人物形象的个性特征，包括外在的自然的生理特征和反映在外表上的社会本质特征，使人物的艺术形象真实而生活化。

（二）影视作品是连续运动的

影视作品是连续运动的，基于此特性，我们应当感悟到化妆形象是在运动中的立体造型变化，不能以演员在镜头前的静止状态作为准则，不然会影响化妆造型的整体完整性。也就是化妆时要考虑演员在360°各个方位的化妆造型一致性，不能露马脚。

（三）影视化妆的对象是演员

影视化妆的对象是演员，所以化妆时受演员本人形象的制约，故化妆师所采用的一切手段和材料都应与演员的面部结构、皮肤质地自然结合。人物形象的色彩、线条、形体都以演员生理结构的真实形式来体现。在特殊情况下，还要运用整形、塑型等手段改变演员本身的面部特征，使化妆造型与角色相吻合。

影视艺术是综合性的艺术形式，不同的摄影角度、镜头变化、照明效果、场景、环境、服饰色彩、色调、胶片感光、磁带成像等因素都对人物化妆造型有影响。所以，影视化妆师在塑造形象时，应整体考虑。

二、影视化妆造型的分类

影视化妆根据剧情中人物的需要通常可以分为性格妆造型、肖像妆造型、模拟妆造型、年龄妆造型、特殊妆造型等。

（一）性格妆造型

这是一种赋予人物以个性特征的化妆造型，其化妆表现主要有：

（1）人物的性格气质、修养、思想、感情和社会经历等都要以不同形式，不同程度地反映在外貌上。

（2）将角色的内心特征显示在演员外形上，塑造个性化的典型人物形象，是性格妆造型的主要任务。

（3）性格妆常用各种细节，包括生理和心理、生活习惯、趣味和爱好等，塑造出容貌各异、神情气质迥然不同的人物形象，使演员的造型与角色的要求相吻合（图7-17）。

（4）性格妆除了要求形象特征的鲜明性之外，还要注意形象的逻辑性，任何个性的刻画、细节的运用都应从人物的性格逻辑和人们长期审美经验中形成的审美观出发，切忌主观和随意性。

（二）肖像妆造型

肖像妆造型即与历史或现实生活中真人原形相似的人物化妆造型（图7-18）。肖像妆造型一般要注意以下关系：

（1）形似与神似的关系。化妆首先追求形似，以准确的外形诱发演员神情的变化，达到神似，做到形神兼备。

（2）局部与整体的关系。描绘局部时应以整体形象为依据，局部细节的刻画要服从整体形象。

（3）合情与合理的关系。既要以生活原型为依据，又要根据艺术的形式和塑造对象（演员）的特点进行提炼、取舍、加工和改造，这样才能更准确、更生动地揭示人物性格，表现人物的精神气质。

（三）模拟妆造型

模拟造型即传说、神话和童话作品中经常出

图7-17　影视性格妆造型

图7-18　影视肖像妆造型

图7-19　老年妆造型

现的幻想世界中的人物、神仙或精灵等造型。将这些形象赋予人的特征，就是在模拟人化的形象，使其有性格化的特征。化妆师应充分理解这些造型的主要特征，将其合理的表达并融入演员本体，塑造出经典难忘的形象，才能引起观众的认可和共鸣。

（四）年龄妆造型

年龄妆是改变演员年龄的化妆造型。有时演员和其扮演角色的年龄有较大的差距，有的影视片中角色年龄时间跨度很大，有的演员先后从青、中、老年出现不同的形象和面貌等，要通过这些情况来表现主人公生活的各个阶段，这就要求化妆师准确而富有表现地去刻画这些人物年龄的变化。

年龄感与社会因素有密切的关系，人物的情绪、精神状态、健康状况、生活习惯及工作环境等因素都直接影响着年龄的变化。在进行年龄妆造型时应着力加强影响年龄感的因素，如外部生理的特征、肌肉质地变化、五官的形状、毛发的颜色等。

例如老年妆的塑造方法是：利用粉底的深浅明暗，将突出的额头、眉弓骨、颧骨、下巴颏等处用高光提亮，将眼窝、颞骨、颧骨下方等部位用阴影色涂暗，让脸部凹凸感进一步加强，然后在额头、眼尾、鼻梁、嘴唇等部位用细笔描出细纹，最后在面部点缀一些色斑，将头发梳白、贴上胡须，即可塑造出一位年纪沧桑的老人形象（图7-19）。

（五）特殊化妆造型

特殊化妆造型即采用特殊造型手段表现角色的特殊外形的化妆造型。如古装的人物造型需要用到假头套、神话剧中特殊人物的五官局部造型、一些战争片中的伤口制作等都属于这一类。

三、影视化妆技艺的类别和要求

正因为影视化妆复杂多变，所以需要多种化妆手法共同结合运用才能达到最佳效果。如想要增加年龄感，一般采用绘画化妆法，以改变演员的肤色和制造皮肤纹粗糙的效果；想要改变五官的形态和松弛的肌肤，可以采用整形化妆法；要改变发型、发质及发的颜色，改变胡型、眉形及颜色可以使用毛发粘贴化妆法；要塑造皱纹，增强骨骼的突起变化，或者改变容貌，可以运用到塑型化妆法。以下就这些化妆手法分别作简单介绍。

（一）绘画化妆法

绘画化妆法即以绘画方式，运用色彩进行化妆造型的方法。它是化妆艺术中最基本的方法。绘画化妆法运用色彩学的基本原理，根据演员的具体条件（面部结构、精神状态、气质、年龄、身份、命运以及心理和生理的某些特征）进行修饰。随着人们审美水平的不断提高、影视艺术和化妆材料与技术的不断发展，绘画化妆法逐渐打破了固定的分妆程序，有了更多的表现方式和技巧，能让妆容显得更透明、柔润，突出皮肤的自然美感。

影视化妆的绘画技法目前大体有：深色淡抹法（深色薄打）、局部着色法、单色平涂法、重彩装饰法（浓妆艳抹）、工笔勾描法等。绘画化妆法的色彩应考虑影视剧的题材、样式和风格，给予不同的处理。浓淡、繁简应根据影视剧的色调来设计，并应注意面部妆容和服装、环境因素，光影之间的和谐对比等。

（二）毛发化妆法

毛发化妆法即运用假毛发、胡须制品及毛发着色进行化妆造型的方法。

毛发化妆法包括：假头套、假胡须、假眉毛、假睫毛、假发髻、假发辫等毛发制作工艺和粘贴技术。毛发的化妆造型对改变演员年龄、面貌、刻画人物性格、神态、描写情绪、表现身份等极为重要。毛发化妆法涉及的范围比较广，如古装发型的头套、假发髻、现代发型的发套、特殊的毛发造型等都要涉及毛发化妆。所以要求化妆师能熟练掌握各种毛发的钩织、编织、粘贴等制作工艺和技巧以及真发的漂染着色等，将一个合适的毛发完美的运用于演员造型中，塑造鲜明角色形象（图7-20）。

（三）整形化妆法

整形化妆法是由眼睛整形化妆术、口腔整形化妆术、绢纱整复法、绢纱牵引法四种化妆方法所组成的电影化妆技艺新学科。因为与医学的整形术相似，故名"整形化妆法"。整形化妆法对改变年龄、美化形象以及描绘和塑造肖像妆都有良好的效果，对舞台影视化妆更有实用价值。只是这种化妆方法涉及的专业工具较多，且对化妆师的要求较高，且完成整形化妆

图7-20 毛发化妆　　　　图7-21 塑形化妆

的费用亦较高，一般的普通影视化妆较少使用。

（四）塑型化妆法

塑型化妆法是采用可塑性材料以雕塑手段进行化妆造型的方法。它可以采用鼻油灰、肤腊、硫化胶乳、硅胶等材料进行局部塑型，如制造假伤口、假断指、五官零部件等；还要用到石膏、倒模粉（塑形粉）、酒精胶水、血浆、调刀、油泥、油彩等专业的塑形工具通过一定的手法和时间才能完成。目前国内主要使用硫化乳胶、肤腊等较便宜的材料进行塑形制作，而国外大部分的电影拍摄都使用硅胶等质感更好、形体更逼真的材料来制作，制作完成后的零部件可随着肌肉活动而活动，并且容易与皮肤衔接，表面效果和肤质接近，通过后期的处理就像长在皮肤上一般，非常逼真（图7-21）。但是硅胶价格昂贵，在学习初期和练习阶段，可以用硫化乳胶来代替。

第七节　创意化妆

创意化妆是化妆艺术中最能表现化妆师或设计师个人天赋的化妆类别之一。化妆师可以根据创作主题，结合模特气质特点、面部五官特征、服装、发型等因素来进行创作；抑或是天马行空，待灵感油然而生时进行的即兴创作等。创意化妆要求化妆师具有丰富的文化底蕴和良好的表现能力。将创意融入化妆之中，将化妆升华

为艺术，化妆师要有敏锐的感悟性与独创性，还要有卓越的引导能力与独树一帜的艺术审美能力。

一、创意化妆的特点

创意化妆没有固定的模式和规矩，只需要化妆师根据创意主题，运用精湛的技法和鲜明的色彩与造型表达一个独特的视觉形象。同时，创意化妆的运用范围广，在彩妆大赛、模特走秀、杂志封面、明星写真、广告创作等吸引眼球的场合均可用到。近年流行的创意化妆主要有前卫化妆、梦幻妆、恐怖妆等。前卫妆是利用人们少见的元素或是从前没有用过的元素进行化妆造型，如太空风格、未来风格等，主要是突出怪诞的形象、夸张风格，色彩可以选用金银色系、白色系等，给人干净、利落、空灵、遐想的感觉。而现在风行的"人体彩绘"也是一种前卫化妆，化妆师将人体当作画布，直接在人体皮肤上绘画，以色彩表现代替服饰和妆容。具体操作过程为：先在人体上涂一层与肤色相同的底色，选择一张图案，根据人体的凹凸起伏形成深浅的变化将图案的位置确定，最重要的是将图案中的立体凹陷恰到好处的套用在人体的立体凹陷部分，形成吻合，后用不同的色彩描绘出图案中的色彩、花纹，还可在图案上贴上纽扣、亮片、珠子等，增强视觉效果（图7-22）。

二、创意化妆的造型要点

（一）肤色的修饰

创意妆肤色的修饰与其他化妆造型底色的要求有所不同，化妆师要根据主题所表达的意图，选择适当的底色与主题相呼应。如梦幻妆的模特，肤色可以选用较白的底色，甚至不需要做出脸上立体结构，用浅淡得近乎白色、银色的梦幻色彩塑造模特肤质晶莹剔透的感觉。

（二）眼眉的修饰

创意妆很大程度上在眼部留有创作空间。因此，眼部化妆是创作的关键。眼妆的设计可以用写实的手法在眼部施以重彩来突出眼睛的神采，也可以利用眼部的生理结构特点将一些图案，如变形的花瓣儿、羽毛、珠片等描绘在其中（图7-23），还可以利用化妆品的特殊质感来强调特殊效果，如凸显神秘的金属质感眼影、充满亮泽的油膏质感眼影，均可作为创作的材料；眉形作为眼妆的衬托，可以强调也可以忽略，如梦幻妆的眉毛，就可以全部遮盖或者剔除，将原来的眉部贴上一些水钻、银粉、白色羽毛等进行装饰，强化眼部的梦幻特征。

（三）腮红和唇部的修饰

腮红的色彩也要根据创意的主题和妆面的主色调而定。色彩可以自然柔和也可以形状多变，但是边缘一定要与肤色相融合。梦幻妆由于以白色、银色为主，腮红就可省略。唇色要搭配眼妆，如金属质感的眼妆要配以同样质感的唇彩，并要强调唇的纹路；油膏质感的眼妆要配以油润亮泽的唇彩以强调嘴唇的光泽与清透；梦幻妆则可选择浅淡、轻柔的唇色，让模特的唇部梦幻迷离，妆型效果更突出；恐怖妆则需要将双唇画出流血、狰狞的感觉，借助一些影视化妆的创作手法亦能让创意化妆更有新意。

（四）发型与服饰搭配

发型与服饰也是创意妆重要的组成部分。创意化妆的发型设计有很大的灵活性，必须纳入整体的构思之中，要符合主题的需要，与面部妆容和服装相协调，表达出独特意境（图7-24）。如果模特自身的头发达不

图7-22　人体彩绘妆造型　　图7-23　植物创意妆

水平，我们还需要具备一定的美发技术和掌握好各种吹、剪、盘、包、编、结等美发技巧，平时应多学多练，不断积累经验，如了解中国历代发式和最新流行的时尚发型创作等，兼容并蓄，取长补短，才能创作出富有时尚气息又不失传统的经典发型。

服饰的造型一般应由化妆师和服装设计师根据妆容的效果共同完成设计，将一些过时的服装进行创意改造，也能取得令人惊叹的效果。如梦幻妆的服装就可以选择白纱、雪纺、白绸缎等，这种轻柔飘逸的感觉，可以增加整体造型的魅力；而恐怖妆的服装即可选用破旧、颜色暗沉甚至是弄脏、涂上一些血浆的服装，以打造出恐怖血腥的真实视觉效果。总之，服装是化妆最重要的造型手段之一，一定要精细选择、仔细搭配，才能达到既定的效果。

图7-24　精灵妆造型　　　图7-25　梦幻妆造型

到梳理的条件或是造型的需要，可以用假发或者头饰来配合，如梦幻妆的发饰就可选择白色丝线、白色羽毛、花卉等材料来塑造夸张梦幻的效果（图7-25）。当然除了要做到富有创意的发型和达到一气呵成的整体

第八节　男性化妆

随着时代的发展与进步，男性在生活和工作中也需应用到化妆来修饰自己，让自己在职场和社交中拥有更加良好的形象。有研究表明，良好的形象能让男性在工作中得到同事和上司的赞赏，在社交中得到异性的青睐，从而赢得宝贵的工作机会和快捷的办事效率以及更广泛的交往空间。

一、男性化妆的特点

相对于女性化妆，男性化妆就简单多了。可以先观察脸形，设计好发型和胡形，如果不需要留胡须，就应将胡须剃干净。男性化妆的妆面效果应自然真实，不可有浓重的脂粉感，可以注重脸部立体结构感的塑造，以充分展现男性棱角分明的阳刚之气（图7-26）。如果是上电视节目或舞台影视演出等，就需要根据节目和舞台的内容及灯光效果设计妆容，整体

的妆面可偏浓一些，重点在于面部结构轮廓、眉眼神态、鼻子、唇部等细节的描画。

二、男性化妆的要求

（一）肤色的修饰

男性肤质多数属于油性皮肤，因此在化妆前要仔细清洗面部皮肤，再涂抹比较滋润的护肤霜，能使面部毛孔缩小，保持水润状态。男性所用的粉底颜色一般要比女性的粉底颜色略深，但要根据具体的人物肤色来定。粉底涂抹要均匀，在面部转折结构处利用不同深浅层次的底色强调男性面容的棱角和线条感。定妆粉的颜色与粉底的颜色要协调统一，以减少男性面部的油光，使皮肤看上去更有质感，要特别注意面部粉底色与颈部、耳朵、手部等裸露在外的肤色的过渡协调与统一。

图7-26　经典男妆造型　　　　　　　　　　　　　　图7-27　"花样美男"造型

（二）眉眼的修饰

男性的眼形若不是特别不标准，通常可以不画眼线。若是要用眼线调整眼形，只需将眼线紧贴睫毛根部轻轻地勾画，眼线的宽度要画得一致，且在眼尾处将眼线画成方硬的锐角。从远处观看，眼线应不凸显，只是将眼形调整的更好，让眼睛稍稍增大有神。当然若是脸形较好、脸色皮肤较白，且五官秀气，也可通过一定的眼线将自己打造成"花样美男"的造型（图7-27）。男性的眼影一般根据需要来画，日常生活中可以省略，若是出席一些重要场合，或是作为眼睛的修饰，可选择比较自然的咖啡色、棕色，用眼影刷清淡地晕扫，可加深眼部轮廓的立体感。若是化创意妆，则另当别论。

男性的眉毛以剑眉为标准眉形。若是眉毛有杂乱或多余，应用修眉刀或者眉剪轻轻剃去。若是眉毛有残缺，则应首先将眉毛梳理整齐，再用深棕色、深灰色、深咖啡色眉粉或眉笔将眉毛中残缺的部分描画完整。画眉的时候要注意眉色深浅的层次，眉峰处颜色最深，并向前向后逐渐减淡。

（三）脸颊与唇部的修饰

男性一般不涂抹腮红，只需在脸部的高光区用浅色做淡淡的提亮，在两侧脸颊处用咖啡色的修容粉晕扫，则可突出男性的面颊轮廓，增加脸部的立体感。

男性的唇部不需要刻意描画，一般采用无色的唇油涂抹，再用纸巾将多余的油光轻轻吸掉，保持润唇的效果即可。若是有特别的需要，如唇色浅淡、灰白，则可以涂抹一点与自己唇色接近的唇彩，增加唇部的健康色泽感。

（四）发型与服饰搭配

男性的发型相当重要，它不像男妆局限很大，可以有千变万化的造型，主要是根据自己的脸形、年龄、职业、性格来定。如近年流行的碎发、韩发都是男士发型中的流行发式。服饰的搭配需要根据自己的身材、年龄、职业、性格而定，但是家中必备的服装应该有西装三件套，而且一定是纯正的黑色，以出席正式场合所用，还需要必备休闲、娱乐、居家等各种场合的服装，以备在各种场合穿着。近年流行的哈韩风、英伦风、中式风等服饰风格等都是不错的选择。

后 记
POSTSCRIPT

美容与化妆的基础理论相对成熟，但随着时尚的变迁，相关妆面的流行趋势和美容化妆手法日新月异，有些理论已显得不适应这一变化，需要时时革新。而化妆又是一种需要经验且技术性很强的工作，如何将最准确、最科学的美容化妆方法以最浅显易懂的方式呈现出来不是一件容易的事情。在撰写本书的半年时间内，笔者查阅了大量美容化妆的专业书籍、著作、视频等，将其分门别类进行比对和试验，总结归纳，精炼出了其中最科学、最有效的理论知识与操作技巧，以带给读者美好的视觉感受与学习体验。

在撰写本书期间，恰逢暑假，笔者在北京进修影视化妆造型课程，有幸参与了国家大剧院"纪念威尔第诞辰200周年歌剧音乐会"的化妆造型工作。在这次大剧院的化妆工作中，笔者深刻感受到了国家级艺术剧院的恢宏气势，亲眼看见了戴玉强、莫华伦、魏松齐等顶级歌唱家的风采，领略到了专业歌舞演员尽心敬业的奉献精神。虽然几天的化妆工作很辛苦，但听到台下观众热烈的掌声与赞美声，所有的疲惫顿时烟消云散，油然而生的是一种幸福和自豪的喜悦。此部分经历作为最有价值的真实案例被写进了第七章舞台化妆的内容中。回校后，笔者将这次宝贵的化妆经验和感受带入化妆课堂，与学生们共同分享，引导她们更热情积极地投入专业学习。

在书稿完成之际，要感谢我的父母、同事和朋友，感谢中国轻工业出版社的领导和编辑们，有你们的无私奉献和竭力帮助，我才能顺利地完成这一著作。

最后，向本书援引或借鉴的国内外参考文献和图片的作者们表示诚挚的感谢和深深的敬意。鉴于编著者的学识水平和时间有限，本书难免存在疏漏和欠妥之处，敬请各位专家、同行和读者不吝指正。

肖宇强

2018年6月于长沙